基于专利分析的高新技术企业技术威胁识别研究

张丽玮 著

科学技术文献出版社
SCIENTIFIC AND TECHNICAL DOCUMENTATION PRESS
·北京·

图书在版编目（CIP）数据

基于专利分析的高新技术企业技术威胁识别研究 / 张丽玮著. —北京：科学技术文献出版社，2016. 11（2018.7重印）

ISBN 978-7-5189-2116-4

Ⅰ.①基…　Ⅱ.①张…　Ⅲ.①高技术企业—技术开发—研究　Ⅳ.① F276.44

中国版本图书馆 CIP 数据核字（2016）第 265944 号

基于专利分析的高新技术企业技术威胁识别研究

策划编辑：周国臻　　　责任编辑：赵　斌　　　责任校对：张吲哚　　　责任出版：张志平

出　版　者	科学技术文献出版社
地　　　址	北京市复兴路15号　邮编 100038
编　务　部	（010）58882938，58882087（传真）
发　行　部	（010）58882868，58882874（传真）
邮　购　部	（010）58882873
官 方 网 址	www.stdp.com.cn
发　行　者	科学技术文献出版社发行　全国各地新华书店经销
印　刷　者	北京虎彩文化传播有限公司
版　　　次	2016 年 11 月第 1 版　2018 年 7 月第 2 次印刷
开　　　本	710×1000　1/16
字　　　数	101千
印　　　张	7.5
书　　　号	ISBN 978-7-5189-2116-4
定　　　价	52.00元

前　言

知识经济时代，技术成为推动生产力发展和人类社会进步的决定性因素，成为国家、产业和企业竞争的核心要素，决定着一个国家/地区的综合竞争力。但是，由于技术的价值负荷特性和在世界范围内发展的不平衡，技术强者常常对技术弱者构成威胁、威慑甚至危害。而对于以技术为生命力和发展源动力的高新技术企业而言，技术层面的威胁更是决定了企业的生死存亡。但由于历史等多方面原因，我国高新技术企业当前科技整体水平还比较低下，拥有的核心技术少，对外技术依存度很高，自主创新能力低，严重制约了企业的发展。因此，如何及时、准确地识别技术威胁，动态、实时地监测技术威胁因素，并对其引发的潜在危害进行有效防范，亟待进行深入研究。

但到目前为止，国内外学者对高新技术企业技术威胁进行识别、分析方面的研究相对较少，并且缺乏系统性。鉴于此，笔者对高新技术企业技术威胁的识别的理论与方法展开了研究，从技术威胁环境、技术威胁制造者和技术威胁事件3个维度构建了技术威胁的三维模型，并针对高新技术企业特点进行了深入剖析。

本书分为7章，包括：绪论、相关理论和方法、技术威胁相关概念、高新技术企业技术威胁模型、专利文献的技术术语抽取、基于专利分析的高新技术企业技术威胁识别和结论与展望。研究认为，只有及时、准确地识别技术威胁，动态、实时地监测技术威胁因素，并对其引发的潜在危害有效进行识别防范，才能使我国高新技术企业在国际竞争中站稳脚跟。

在本书撰写过程中，得到了首都经贸大学信息学院各位领导和中国科学技术信息研究所郑彦宁主任、潘云涛主任等老师的大力支持和帮助，在此表示衷心感谢！此外，本书参考了近年来国内外高新技术企业技术威胁研究领域的最新成果，因篇幅所限，在此不再一一列举，谨向相关专家与学者致以谢意！

由于笔者水平有限，相关研究文献较少，书中难免存在疏漏和不足，敬请各位专家和读者批评指正。

目　录

1 绪 论

1.1 研究背景及意义

进入知识经济时代，世界技术发展和知识更新速度明显加快，技术发展周期越来越短[1]，技术成为推动生产力发展和人类社会进步的决定性因素，成为国家、产业和企业竞争的核心要素，决定着一个国家/地区的综合竞争力[2]。第二次世界大战以后，世界经济之所以取得迅猛的发展，就是因为技术进步对经济增长的贡献率不断提高，目前部分发达国家已达到 60% ~ 80% 的水平。

对于以高技术为主导，以产品创新为核心的高新技术企业而言，技术要素一直处于其生存与发展各要素的核心地位，技术竞争优势直接决定了企业的生死存亡。拥有技术优势和掌握核心技术的企业不仅能通过创新来支持现有业务的发展，还能改变现有竞争领域的竞争规则、创造全新业务和开辟竞争新领域。技术既能改变企业在产业价值链中的地位和作用，又是后进企业改变竞争地位的重要手段[3]。但是，由于技术的价值负荷特性、技术发展的不平衡性及技术的多元化发展，技术在给一部分企业带来发展机会和实惠的同时，也给其他企业带来了不安和恐慌，技术强者常常对技术弱者构成威胁、威慑甚至危害。例如，2015 年，小米遭到爱立信（Ericsson）指控，原因是内嵌联发科处理器的红米侵犯了爱立信的专利权，小米被禁止销售或出口手机至印度。相关专家学者认为这一事态相当重大，它似乎表明，小米和其他中国高科技厂商可能在海外法庭遭遇更多专利纠纷的打击[4,5]。同时，由于市场需求所带来的技术适用性与技术动态演化的不可阻性，多主体参与推动，技术发展的全球化、集成化及时间紧缩等一系列因素的综合影响，使得高新技术企业所处的技术竞争环境正发生深刻变化，高新技术企业面临的技术威胁频现，给企业的生存和发展带来严重影响。因此，如何有效地识别和分析高新技术企业面临的技术威胁，保持企业的技术竞争优势成为亟待解决的重要问题。

但到目前为止，国内外学者对高新技术企业技术威胁进行识别、分析方面的研究相对较少，并且缺乏系统性。为此，本项目拟对高新技术企业技术威胁的识别理论与方法展开研究：从技术的本质、技术发展不平衡及技术多元化发展的角度出发，分析技术威胁的类型及其影响因素，构建技术威胁三维模型；选用专利数据，采用文本挖掘和联机分析技术，对其进行深入探究，获取技术威胁识别所需的竞争情报，捕获技术威胁影响因素。本项目的研究内容为我国高新技术企业应对日益严重的技术威胁提供理论与方法上的支持，具有重要的理论意义和实用价值。

1.2　国内外研究现状

1.2.1　技术威胁及识别理论

迄今为止，对技术在组织之间可能引发威胁的相关研究较少，并且缺乏系统性。国际上首先提出"技术威胁"和"技术预警"概念的是在军事领域。自20世纪50年代末以来，美国一直高度重视技术预警工作，其目的是"对可能削弱美国军事优势的技术威胁尽早提供技术预警"。后来逐渐发展并应用到技术管理领域中。Gert Tdu Preez 等（1999）[8]从市场应用的角度来分析组织面临的技术威胁和机会，提出应对的技术创新策略。Gert Tdu Preez 等（2002）[9]通过追踪行业技术的发展变化，使用相关模型和方法对组织面临的威胁和机会进行定性识别分析，侧重于模型和方法的选择和构建研究。Bruce A Voja 等（2004）[10]使用技术路线图（roadmap）发现在某项技术研发过程中的技术威胁和机会。在国内，关于技术威胁的研究相对较少，大多侧重于对"技术性贸易壁垒"的研究，而技术性贸易壁垒仅仅是组织面临的技术威胁表现形式的一种，像技术标准准入、知识产权诉讼等的研究则很少涉及。张锡林等（2003）[11]从预测技术未来发展趋势出发，提出了一个技术威胁与机会评估结构化的系统框架。李哲等（2006）[12]认为技术差距（差异）是造成技术性贸易措施的基础，需要以技术预警来实现技术性贸易措施的战略应对。汪雪锋等（2009）[13]探讨了技术威胁的内涵及特征，分析了技术威胁的类型及产生的原因，并提出了应对策略。赖院根等（2009）[14]结合具体的技术事件案例，对存在于组织之间的技术威胁展开了系统的研究，包括其生成机制、定义和特征等，从宏观角度对技术威胁进行了理论研究。

1.2.2 专利分析

专利作为知识产权战略实施及企业技术、产品研发的重要指标，既可以用于衡量企业的研发绩效，又可以作为知识产权的重要载体，促进科技的进步和国家创新能力的提高[15]。通过对专利的深入分析研究，获取技术发展趋势和竞争状况，已经得到了学者的广泛认同。国内外学者已进行了相关研究，研究成果主要集中在理论研究、方法研究两个层面。

（1）在理论方面，专利分析日趋和技术创新理论、决策支持理论、投资理论和价值工程理论相结合

Choung（1998）[16]通过计算1969—1992年韩国和我国台湾地区在34个UPC（美国专利体系）技术领域的美国专利申请量，来分析韩国与我国台湾地区的技术创新模式。Jim（2007）[17]应用专利信息对美国、日本、欧洲的"智能运输系统"技术创新战略进行对比评价。李云彪（2012）[18]以我国汽车行业三大集团的专利为着眼点，对我国汽车行业的专利现状展开分析，从专利角度考察我国汽车行业应用知识产权保护制度的能力，并初步了解该行业的技术研发状况，为更好地利用专利制度促进我国汽车行业的发展提供依据。娄岩等（2014）[19]从专利的视

角，构建替代性技术识别框架，从相似性和核心性两个方面识别替代性技术，从而为企业在替代性技术判别、制定技术发展战略方面提供理论方法支撑。

Ernst（1998，2003）[20,21]提出了利用技术领域层面专利组合和公司层面专利组合两种专利组合方法，为公司提供研发策略规划及专利组合布局依据，监测产业的领先厂商在竞争中所处的相对专利地位和各领域技术本身的相对发展优势与发展潜力。赖院根等（2007）[22]拟从企业专利战略制定流程的角度出发，建立高技术企业专利战略框架体系，并对各种专利策略内容及专利情报分析在其中的作用进行探讨和论述，以引导企业专利战略的制定和为促进我国高技术企业的自主知识产权创新服务。黄文等（2014）[23]通过对电动汽车产业的技术特征进行研究，围绕该技术特征和IPC（国际专利分类表）分类展开检索工作，形成电动汽车产业的专利数据库，在此基础上对电动汽车产业的技术集中度和技术活跃度进行分析，以明确电动汽车产业的专利技术布局和发展趋势，指导企业的研发规划，明确研发重点。慎金花等（2014）[24]通过 Innograhpy 平台，基于专利分析方法对燃料电池汽车技术在中国的竞争态势进行探讨，从中国本土和全球在中国的布局两个角度分别分析了专利产出、主要竞争者、热点技术和研发重点，以及高强度专利的情况。

Peter（1997）等[25]研究了专利授权与交叉授权之间的相互关系，如何有效评估专利价值及通过专利组合模型帮助企业进行内外研发选择。Ase Damm（2012）[26]通过匹配竞争对手的产品专利组合和企业自身的研发战略，获取竞争情报，实现产品研发的决策支持。Janghyeok Yoon 等（2013）[27]应用动态专利地图对 R&D 项目技术开发过程中的竞争趋势予以识别，用以进行决策支持。陈洁等（2013）[28]从技术的层面，以专利分析和竞合观点帮助企业选择自己在技术研发上的合作伙伴和交易合作方式，并提供一种技术竞合分析的参考模式。

（2）在方法方面，专利分析日趋和现代信息技术（如文本挖掘、自然语言理解、信息抽取及数据可视化）相结合

Hehenberger（1998）[29]研究了文本挖掘在专利分析中的应用，指出

文本挖掘工具与专利文献数据库结合使用，能够有效提高知识产权律师、研究人员和分析人员工作效率；同时，介绍了文本挖掘的概念，分析了高级搜索技术、聚类、分类是如何帮助解决专利分析和竞争情报分析中经常出现的问题的。Michael 等（2003）[30] 将文本挖掘中的聚类分析方法应用到封装工艺专利数据分析中，并同传统专利分类方法进行对比，指明了文本挖掘技术的优势所在。Shinmori 等（2003）[31] 通过自然语言理解实现对专利权利要求的结构化处理，改善专利文献的可阅读性，便于人们对专利技术更好的理解。Kim 等（2008）[32] 综合采用自然语言理解、信息抽取与数据可视化技术，利用专利关键词构建语义网，建立专利地图用以识别新技术。暴海龙（2004）[33] 研究了用自然语言的方法设计专利知识数据库，解决检索中的难题，并通过聚类分析进行技术相关分析，分析专利价值影响因素，建立了指标评价体系。余丰（2006）[34] 结合词典、规则和统计模型方法，对隐马尔可夫标注算法进行了合理改进，提出了一套技术关键词识别模型及其算法。郭婕婷等（2008）[35] 针对专利分析方法归纳总结了一套"点"、"线"、"面"、"立体" 4 个层次的专利分析体系。陈云伟等（2012）[36] 研究了社会网络分析方法在专利分析中的应用，指出专利网络分析是一种先进的专利分析技术。翟东升等（2014）[37] 对 LTE TDD 技术进行专利申请分析，提出了一种应用动态网络分析方法对 LTE TDD 技术产业现状进行专利信息动态追踪分析的观点。

1.2.3　术语抽取技术

国内外学者分别应用不同方法进行领域术语获取的研究，以期在大量的领域信息文本中自动、准确地获取所需术语。通过大量文献分析获知，目前的术语抽取方法大致分为 3 类：基于统计的方法、基于规则的方法及二者相结合的方法。

（1）基于统计的方法

基于统计的方法主要分为无监督的统计方法和有监督的统计机器学习方法两类。

①无监督的统计方法。该类方法是对候选术语的概率意义上的统计量进行计算，筛选出符合事先规定阈值的术语。其中，常用的统计量有词频、互信息、信息熵、似然比、假设检验等。张锋等（2005）[38]提出一种基于互信息的术语抽取方法，应用大规模语料来抽取内部结合度超过某一阈值的词作为候选术语，然后利用一些常用字组合的规则来过滤。何婷婷等（2006）[39]提出一种基于质子串分解的算法，利用 C-value 和 F-MI 两种参数进行术语抽取。胡文敏等（2007）[40]在前者实验基础上增加了卡方检验参数进行术语抽取，提高复杂术语的抽取精度。周浪等（2009）[41]利用词频分布变化程度的特征进行术语抽取。章成志（2011）[42]提出多层术语度的一体化术语抽取方法，并提出句子术语度的概念，该方法将术语所在句子的所有词语均作为训练特征，用 CRF 进行术语识别。

大量实验结果表明，无监督的统计方法对于领域知识要求不高，同时对于领域语料的语种不做限制，具有领域通用性。但是，该方法对于统计量的计算建立在大规模语料库的基础上，因此，对语料库规模有所要求。如果语料库规模达不到获取准确统计量的要求，则会得到与当前领域不相关的候选术语串，并且对于低频术语和高频术语的领域性识别不理想。另外，该方法对于语料库的质量有着较高的要求，过疏或者过密的语料库会直接影响实验结果。

②有监督的统计机器学习方法。该类方法在已标注的训练语料中通过机器自学习来获取训练模型，然后应用该训练模型识别测试语料中的未知术语。王强军等（2007）[43]提出了应用连续指数判断字符串词语度的方法，同时，辅以 TF-IDF 和领域相减判断字符串的术语度，从而实现基于大规模动态流通语料库的术语抽取工作。岑咏华等（2008）[44]利用隐马尔科夫模型对计算机领域术语进行识别。李勇（2008）[45]在术语抽取的基础上加入 CBC 聚类方法，应用递归方法寻找分布在相似空间里的紧凑类，自动剔除领域相关度较弱的术语。王卫民等（2012）[46]提出了一种半监督的基于种子迭代扩充的专业术语识别方法。该识别方法仅仅利用少量训练样本，通过方法自身迭代来增加训练样本，并生成

新的模型，将通过迭代生成的最终模型作为专业术语识别模型，但该方法需部分人工参与。李丽双等（2013）[47]使用条件随机场模型识别汽车领域术语，F－值达到 82.50%。

很多实验表明，应用有监督的统计机器学习方法的实验结果优于无监督的统计方法，但是在训练模型过程中，需要采用人工方式对大量语料进行标注，并且要求标注人具有较高的领域知识，同时，语料标注过程需要耗费大量的时间和人力。因此，目前相关学者尝试将主动学习策略引入到术语抽取过程中，以期使用较少训练语料达到使用全部规模训练语料的结果，从而降低语料人工标注的成本。

（2）基于规则的方法

基于规则的方法主要是根据领域术语的特点和构成模式建立特征模板，以此为基础选择与其匹配的词语作为术语。该方法易于实现，并且在歧义消除和准确率上具有一定优势，因此，最早被应用于术语抽取领域。Jones L R 等（1990）[48]根据词语构成的语言学原理，利用语法结构规则抽取复合术语。Bourigault D（1994）[49]应用浅层语法分析来抽取最大长度的名词短语作为候选术语。Fukuda K 等（1998）[50]通过单词拼写特征和词法模型来获取蛋白质名称，并提出核心术语概念。Beatrice D 等（1994）[51]针对科技领域，利用词性规则过滤候选术语，进行术语抽取。Hougying Zan 等（2007）[52]利用双语语义词典扩展种子术语，确定这些术语在词典中的拓扑位置，进而在语料中寻找与种子术语相似定位的词语，认为这些词语即为要抽取的（真正）术语，经验证平均准确率达到 82.75%。Yang Y 等（2010）[53]提出一种领域无关的术语抽取方法，依据边界分隔符抽取候选术语，借助领域术语与领域相关句之间的相互强化关系抽取领域术语。

一般来说，应用基于规则的方法抽取的术语质量较高，原因是根据领域内部词汇的语言特征和结构特点归纳出来的特征模板针对性强，所以抽取效果较好。但是由于抽取规则需要人工编写，规则的准确性、全面性很大程度上受到编写人专业水平的限制，易造成错误识别或者遗漏抽取的现象。另外，该方法具有很强的领域依赖性，领域之间移植应用的可能性较小。目前，单纯依靠人工制定规则进行领域术语抽取的方法在中文术语识别领域应用很少，主要是因为中文术语的构成方式复杂，很难全面、准确地归纳提炼抽取规则；由于英文单词构成较为规则，语法结构相对简单，因此仍有部分学者在英文术语抽取领域应用规则进行术语抽取。

（3）基于统计和规则相结合的方法

基于统计的方法有的过于依赖大规模语料的支撑，同时对于语料质量要求较高；有的需要进行大量人工标注，时间、人工成本过大；基于规则的术语抽取方法则领域相关性太强，难以在领域之间移植使用，同时，规则制定的准确性、全面性经常难以得到保证。为了提高术语抽取的精度，很多学者尝试将统计与规则相融合，综合利用两者优势进行术语抽取，既能减少对大规模语料库的依赖性，降低人工标注成本，又能提高术语抽取的准确度。综合方法主要包含两部分：获取候选术语串和过滤候选术语串，从而最终获得所需术语列表。一般来说，这两部分不存在固定的先后顺序。国内外相关学者对该方法进行了大量的理论和实证研究。姜韶华等（2006）[54]基于 n-gram 语法模型的基本思想，使用串频统计和串长递减技术，结合中文文本的语法特点，提出了一种中英文混合型术语抽取方法。该方法无须任何词典支持，仅依赖于统计信息，因此不会受到语料领域的制约和限制。刘桃等（2007）[55]使用领域分类语料评估术语在特定领域内部分布及不同领域语料之间分布的均匀性，并针对术语类别判定问题，提出基于正规化分布熵的领域术语抽取方法。Ji L 等（2007）[56]以建立的 pattree 索引结构为基础，应用C-value和 SEF 两种统计量度获取候选术语，针对获得的候选术语，使用词语的构词结构及上下文信息作为特征参数进行过滤，最终获取领域术语。李卫（2008）[57]提出了基于语言认知理论的中文术语抽取算法，该算法将科技论文的话语标记信息融入 C-value 和 SCP 方法中，改进为 MC-SCP 测度方法，用以识别语料中的低频术语。周浪等（2010）[58]首先利用计算机领域术语的词法模式、长度等语言学规则抽取候选术语，同时，结合使用 TF-IDF，搭配检验的统计参数进行候选术语过滤。Lee 等

(2012)[59]提出了一种以规则作为特征、不依赖词典的 SVM 分类抽取术语的方法，但是召回率偏低。

上述 3 种方法均有自己的特点，哪一种方法都不存在绝对优势。只有充分考虑不同技术领域术语的语言特征，以此为基础将这些方法融合应用，才能有效提升术语抽取的召回率和准确率。

1.2.4　专利地图分析

（1）专利地图的应用

专利地图作为一种非常有效的专利信息分析方法，主要发展于第二次世界大战以后的日本。后经过发展与传播，专利信息分析的各种方法在西方国家得到了普遍的应用和快速发展，20 世纪 80 年代初期，专利地图在韩国和我国台湾地区开始得到较为充分的研究与应用。

专利地图起源于日本，主要用途是为了加快专利审批速度。后来，专利地图应用逐渐转移到工业，尤其是一些较大的以技术为基础的公司。同时，专利地图的应用目的和研究方法也变得更加多样化，例如，为企业开发新的商机、科技发展战略的制定等。近 20 年来，日本政府获取各个技术领域的专利信息，通过技术分析，用来制作专利地图，并在官网上提供免费下载，以供各行业人士使用[60,61]。韩国在专利地图研制和应用上主要借鉴日本经验。自 2000 年开始，韩国在所有的工业领域推广专利地图[62]。例如，为了抢占全球 3G 移动电话市场，韩国知识产权局系统分析了历年与移动电话相关的专利申请案例，专门制作了移动电话专利地图，于 1999 年公开发布，并将这些地图放在网络上，无偿提供给电信领域的制造商、公司、高校及科研机构等。另外，韩国知识产权局还开发了专利地图分析软件（PIAS）。

欧美国家对专利地图的定义不同，认为专利地图指代的是类似于地理地图的专利分布图，而二维或三维的专利定量分析图并非专利地图[63]。在实际中，欧美国家虽然把专利分析广泛地运用到社会各个领域，但是，并没有对专利地图技术投入太多的关注及进行大规模的研制和推广。例如，美国在 2003 年对世界纳米技术的发展进行了分析研究，绘制了技术独立性排行榜、技术循环周期排行榜、专利数量趋势图、专利数量排行榜、科学关联性排行榜等，最后才提到专利内容地图（Patent Content Map），而制作专利内容地图的目的仅仅是为了识别和形象化各技术领域的研究主题[63]。

　　我国台湾地区对专利地图的研究较早，许多公司、科研院所、高校都有专门人员从事专利地图的应用和研制工作。现在比较权威的财团法人"工业技术研究院"，主要运用专利组合法（Patent Portfolio）深入分析专利文献，获取竞争情报从而用于市场评析；科技政策研究与信息中心也综合利用专利地图对纳米技术发展状况、技术前沿等展开研究。台湾地区吸纳日本和欧美在专利地图研发和应用方面的优势，在专利地图的研制和应用方面逐步成熟，已经成功地制作出 MPEG 视讯、语音辨识、多芯片模块、碳纳米管等诸多技术领域的专利地图，用于指导技术研发和技术战略部署[64]。

　　加入 WTO 后，我国政府对知识产权高度重视，专利信息开发利用越来越受到关注，专利地图的研究应用也随之出现上升趋势。2004 年，华为借鉴在与思科（Cisco Systems，Inc.）知识产权诉讼案中学习到的知识经验，展开了系统、全面的专利地图研究和开发工作。目前，华为的专利地图制作已经具体到某一个特定的生产线[65]。2005 年，国家知识产权局和某大型企业曾对轧钢技术的专利地图进行过立项研究，由此引起了国内对专利地图的关注。为满足我国香港本地厂商关于加强"香港制造"产品的高增值及知识产权含量的需求，香港生产力促进局的 CEPA 业务发展中心与国家知识产权局知识产权出版社签订合作协议，共同建立"中外专利信息服务平台"镜像站，为香港企业提供最新、最全的专利信息服务。透过该镜像站，香港企业可直接、快速地获取所需的包括专利地图在内的诸多专利信息服务[66]。随后，中国知识产权信息中心等一些机构也开始对专利地图进行研究，但在应用方面只限于部分产业（技术）领域和个别大型企业的专利分析，推广范围有限[67]，国内大多数企业对其尚未引起重视。

（2）专利地图的制作

专利地图的制作主要根据其应用目的不同，进行不同的分析设计。从应用层次来看，专利地图的应用主要分为宏观和微观两个层面，即政府与产业管理层和企业层。

在政府与产业管理层面，专利地图主要作为产业分析、规划与政策制订的依据。Yoon B 等（2002）扩展了应用性数据挖掘方法，特别是自组织特征映射（SOFM）的使用，将 193 个选定的美国专利转化为 3 种类型的两维专利地图，即真空技术（技术的差距）、索赔点（专利冲突）及技术组合（许可软件包），并对每一种地图进行解释说明。Kim Y G 等（2008）[68]提出一种绘制专利地图的新技术，通过收集目标技术领域专利文献的关键词，运用 K－均值算法进行聚类，建立考虑了结构化和非结构化专利文献的专利地图，从而以一种更易理解的方式将专利信息可视化，以了解新兴技术的研究进展与展望其未来的趋势。Lee S 等（2008）[69]以手机业和韩国政府研发组织（KOTEF）航空航天业为例，提出一种基于关键字组合、相关性和演化地图的与专利有关的新产品/技术的新型技术路线图方法，并说明其效用。Suh J H 等（2009）[70]提出了一种服务导向的技术路线图 SoTRM，为服务行业的研发战略所需技术路线图构建了一个客观系统框架，以帮助决策者找到服务技术的资金投入和分配方向。宓翠等（2010）[71]制作专利地图对中国知识产权网（CNIPR）中风电相关专利技术信息进行深入分析和挖掘，以期为我国风电产业关键技术的掌握和政策的制订提供有用情报。潘雄锋等[72]运用专利地图的理论和方法揭示新能源技术的应用水平和技术积累的轨迹，为未来新能源的开发与利用提供依据。王胜君等（2011）[73]借鉴共现分析的理论和方法，研制了一套简便、实用、可操作性强的专利地图绘制工具，并实证分析了该方法的结构，为专利地图在政府科研管理中的应用提供一种思路和手段。

在企业层面，专利地图主要用于为企业提供研发与创新战略管理支持。郑云凤（2010）[74]基于华为和中兴的面板数据，运用专利管理图分析方法，分析了华为和中兴的专利战略情况。武建龙等（2009）[75]以哈药集团为例，充分利用专利地图的信息整合功能，构建了企业研发定位分析框架，用以帮助企业进行研发战略分析与选择。王珊珊等（2010）[76]从不同于单体企业专利战略管理的视角出发，提出了专利地图应用于 R&D 联盟专利战略分析与制定的流程，提出了基于专利地图的 R&D 联盟专利战略制定的总体思路、制定方法与战略框架等。李晓峰等（2010）[77]探讨了如何将 SWOT 方法与专利地图技术相结合，对企业进行定位分析，并从企业技术战略和专利发展布局两个层面来制定企业专利战略模型。刘桂锋等（2012）[78]应用专利地图从三个层面、九大模块的角度构建了企业专利预警模式，为我国企业开展专利技术预警工作提供了参考模式。

通过上述分析可知，我国对专利地图的研究还处于起步阶段，还未有过将其直接与具体的企业研发过程相关联，用于识别 R&D 过程中的技术威胁的研究。考虑到应用专利地图分析法进行技术威胁识别的可行性及挖掘分析获得的极具价值的信息，本研究使用文本挖掘技术构建专利地图来进行高新技术企业的技术威胁识别分析。

1.3　研究内容和方法

1.3.1　研究内容

（1）技术威胁理论研究

本部分内容旨在明确技术威胁的形成机制和组成因素，并针对高新技术企业在技术创新过程中面临的技术威胁，进行重点探究和解析。主要研究内容包括：从技术特性和技术发展不平衡的客观事实出发，对技术威胁的概念、本质、类型及其影响因素等进行深入研究，明确技术威胁的形成机制，构建技术威胁组成元素五元组——技术威胁环境、技术威胁主体（技术威胁制造者）、技术威胁事件、技术威胁客体（研究对象）、技术威胁结果。

（2）高新技术企业技术威胁模型研究

本部分内容旨在针对高新技术企业自身特点，深入分析其面临的技术威胁，重点从技术威胁环境、技术威胁制造者和技术威胁事件 3 个维度展开研究，构建高新技术企业技术威胁模型。主要研究内容包括：①技术威胁环境维度——主要从微观环境、中观环境和宏观环境 3 个层面进行探讨，识别不同环境中的技术威胁因素；②技术威胁制造者——分析技术威胁制造者的来源、类型及其技术战略；③技术威胁事件——探究事件的定义和表示方法，解析技术威胁事件的定义和类型，并深入分析技术威胁事件的构成要素。

（3）专利文献的技术术语抽取

本部分内容旨在应用自然语言处理技术对专利文档进行文本解析，获取行业领域的技术术语，从而为后续专利文档的挖掘分析获取有价值的技术竞争情报提供信息和技术支撑。主要研究内容包括：①深入分析术语、科技术语及专利术语的特点及组成形式，为文本切分技术的选取提供理论依据；②构建专利文献的技术术语抽取框架，提出基于领域 C-value 和信息熵的技术术语抽取算法，探讨了过滤规则的设置方法；③获取信息通信领域的专利文档，展开实证研究，抽取技术术语，并验证其准确性和有效性。

（4）应用专利分析获取高新技术企业的技术威胁因素

本部分内容旨在应用文本挖掘技术对专利文档展开挖掘分析，获取有价值的技术竞争情报，从而对高新技术企业面临的技术威胁进行识别。主要研究内容包括：①通过关键词语义网络的构建，获知行业领域的技术演变情况，同时，构建行业技术热点图，了解当前行业的研究热点——从而有效掌握中观层面的产业技术环境状况；②以①为基础，构建企业技术实力图，分析高新技术企业技术结构，掌握各高新技术企业的技术实力状况，从而有效识别竞争对手；③针对研究对象——某一高新技术企业，绘制其技术威胁和技术机会图，判断技术壁垒区和技术潜力区，计算技术威胁值，并针对技术壁垒区的环绕专利，重点识别技术威胁事件，加以防范。经过实证研究，利用专利信息的深入挖掘分析，有效捕获了高新技术企业面临的技术威胁，具有一定的理论意义和实用价值。

1.3.2 研究方法

本项研究主要通过以下方法进行：

①文献调研法。通过对图书馆、中英文数据库（CNKI、万方数据、Springer LINK、Web of Science 等）搜集、梳理国内外相关图书、学术论文等资料，全面掌握高新技术企业技术威胁识别等相关领域的研究动态和实践成果，为本课题的开展提供理论、技术和数据支持。

②智能分析方法。应用自然语言处理等方法对专利文献分析处理，采用聚类分析、时间序列分析等具体技术，监测行业技术发展动向，明确高新技术企业技术结构及外部技术关系，辨析企业技术威胁制造者，识别技术威胁事件。

③自然语言处理方法。应用分词技术进行专利文献的文本切分，并应用领域 C-value 和信息熵的方法进行技术术语的抽取，同时结合规则筛选，实现专利文献的技术术语抽取工作。

④内容分析法。追踪国家科技政策、科技新闻等相关信息，进行深度解读，掌握与企业生产有关的新技术、新工艺、新材料的出现和发展趋势及应用前景，解析国家对科技开发的投资和支持重点等，从而洞悉技术威胁环境相关因素。

1.4 技术路线图和创新点

1.4.1 技术路线图

本研究的技术路线图如图 1 – 1 所示。

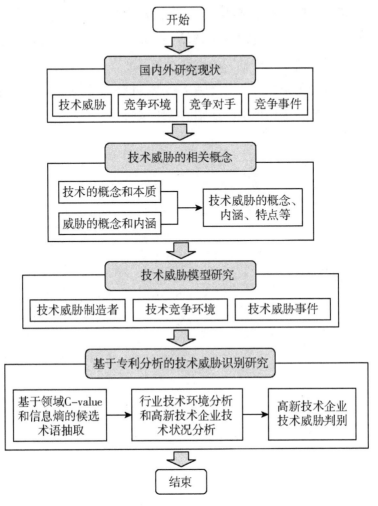

图 1-1 技术路线图

1.4.2 创新点

本研究的创新点主要体现在以下几个方面：

①提出了技术威胁的五元组——技术威胁环境、技术威胁主体、技术威胁客体、技术威胁事件和技术威胁结果，探究技术威胁涵盖的主要元素，从而使后续研究更加具有针对性。

②从技术威胁环境、技术威胁制造者和技术威胁事件 3 个维度构建了技术威胁的三维模型，并针对高新技术企业特点，分别对 3 个维度进

行深入剖析，为后续技术威胁的识别奠定理论基础。

③针对专利文档，提出基于领域 C-value 和信息熵的技术术语抽取方法，有效提高技术术语抽取的准确率和召回率。

④应用智能分析方法，对专利文档进行挖掘分析，从而构建专利地图，帮助高新技术企业识别其面临的技术威胁。

2 相关理论和方法

2.1 高新技术企业

2.1.1 高技术与高新技术

"高技术"英文为"High technology"，一般简称"High-tech"[79]，起源于20世纪60年代的美国。目前，国内外学术界对高新技术的界定尚未有统一的看法，不同学者和机构试图从不同角度揭示"High technology"的内涵，其中，代表性的看法大致有以下几种：

各国经济学界的学者从不同角度对"高技术"的含义进行了界定。世界经济合作与发展组织（OECD，简称经合组织）按照科技含量对产品进行分类：将研究开发费用占销售收入的比例低于1%的，科技人员占员工总数比例也低于1%的，列入低端技术范畴；将研发费用占销售收入的比例为1.0%~4.5%的，科技人员占员工总数比例为1%~3%及以上的，列入中等技术范畴；将研发费用占销售收入的比例高于4.5%的，科技人员占员工总数比例高于3%的，列入高技术范畴。这一分类方法比较简捷，得到了各国的普遍认同。美国科学基金会认为，科技人员占员工总数比例高于2.5%，且研究开发费用占净销售额比例高于3.5%的，属于高技术范畴。法国专家认为，将高技术产业称为知识密集型产业。日本专家认为，高技术是以当代尖端科技和下一代科学技术为基础建立起来的尖端技术群，主要包括计算机、微电子、光电子、软件、通信及生物技术等[79]。

在征询国内专家意见后，我国国家科技成果办公室将高技术定义为：建立在综合科学研究基础上，处于当代科技前沿，对促进社会文明、发展生产力和增强国家实力起先导作用的新技术群。它的基本特征是：具有明显国际性、战略性、渗透性和增值性，是知识、人才和资金密集的新技术群。这种认识将高技术和高新技术放在一起，因此，我国的高技术既包括当代高技术又包括一般性新技术[79]。

需要特别注意，高新技术的所谓"高"与"新"是动态、相对的概念，是随着时间和空间的变化而不断变化和发展的。可以看出，不同国家甚至同一国家的不同历史时期均对高新技术有着不同的定义，"高技术"与"新技术"均决定于一个国或地区不同时期的经济和科技发展水平及发展战略。

总之，高新技术应该是以当前世界科学技术的新发现、新发明为基础，以知识、智力和研发密集投入为条件，正在或将要引起社会生产和生活方式变革的技术或技术群。对高新技术的界定要充分考虑三个因素：一是技术性，必须是当代的前沿技术或尖端技术；二是新兴性，应属于近几年或近十年来才兴起并得到应用的技术；三是经济性，必须拥有广阔的市场化空间或产业化前景，有助于社会经济的快速发展[80]。

综上可知，虽然对高新技术概念的界定略有不同，但是各国对高新技术集中了现代科学最先进的成果，是推动生产力发展的强大动力这个观点是认同的。高新技术因其所带来的巨大的经济社会效益，正成为当前国际关注的焦点。

在高新技术领域划分方面，国际上公认的高新技术领域主要包括信息技术、生物技术、新能源技术、新材料技术、空间技术、海洋技术六大领域。中国根据世界科学技术发展现状，结合自身国情，在《国家高新技术产业开发区高新技术企业认定条件和办法》中指出，高新技术包括：生命科学和生物工程技术，医药科学和生物医学工程，材料科学和新材料技术，微电子技术和电子信息技术，空间技术和航空航天技术，地球科学和海洋工程技术，基本物质科学和辐射技术，能源科学和新能源、高效节能技术，生态科学和环境保护技术，光电子科学和光机电一体化技术，以及其他在传统产业基础上应用的新技术、新工艺。这11类技术实际上都可以包含在国际上对高新技术划分的六大领域中，只不过是国际上六分法的具体化。

2.1.2　高新技术企业的界定

高新技术企业的界定是不断动态发展变化的。随着社会经济技术水平的发展及技术更新换代的日趋加快，高新技术企业的地位也会发生变化，原来认定的高新技术企业可能不再是高新技术企业，而一般企业也有可能由于达到了认定条件而被认定为高新技术企业。高新技术企业的发展也是阶段性的，尽管各国的高新技术企业存在诸多共性，但由于国家发展水平、资源条件和发展的侧重点不同，对高新技术企业的界定也存在差异。所以，在学术研究中，我们既要关注不同高新技术行业企业的特性，更要从高新技术企业的共性方面进行研究，得出一般性的研究结论。从各个国家对高新技术产业、高新技术企业的界定可以知道，知识密集、技术密集是高新技术企业的基本特征[81]。

对高新技术企业的认定，国外一般建立在产业认定的基础上，即按企业所属的产业是否为高新技术产业来认定，把处于高新技术产业领域的企业称为高新技术企业（国外更多的是高技术企业，而没有高新技术企业的提法）。日本和美国采用具体的、可操作的方式来定义高技术。日本采用的是列举法，认为微电子、计算机、软件工程、光电子、空间技术、电子机械、生物技术均是高技术。美国则采用一些指标来定义高技术，经常采用的指标是研发强度及科研人员占总劳动力的比例。研发强度以研发费用占销售额或增加值的比例来衡量，即研发强度达到3.5%以上，科研人员占总劳动力的比例达到25%以上[82]。凡是符合这两项指标的，生产某一产品的企业就可被认定为高技术企业，该产品即为高技术产品。

在国内，高新技术企业成为促进我国产业结构调整与升级、提高科技创新能力、实现经济可持续发展的重要力量[83]。我国对高新技术企业的认定是通过划分高新技术范围来确定的。根据我国高新技术产业发展和管理的需要，我国实行高新技术企业认定制度。按照国家或地方"高新技术企业认定条件和办法"，经有关科技管理部门认定，才是真正意义上的高新技术企业。针对高新技术产业知识密集、智力密集和高风险、高收益的特点，1991 年《国务院关于批准国家高新技术产业开发区和有关政策规定的通知》中，根据当时高新技术的发展情况，将高新技术产业的范围划定为 11 项，即：微电子科学和电子信息技术、地球科学和海洋工程技术、基本物质科学和辐射技术、材料科学和新材料技术、空间科学和航空航天技术、生态科学和环境保护技术、生命科学和生物工程技术、能源科学和新能源及高效节能技术、光电子科学和光电一体化技术、医药科学和生物医学，以及其他在传统产业基础上应用的新工艺、新技术。《高新技术企业认定管理办法》于 2008 年 4 月 14 日颁布，从 2008 年 1 月 1 日起实施。2008 年 7 月，科技部联合财政部、国家税务总局下发了《高新技术企业认定管理工作指引》，对高新技术企业认定条件提出了更高的要求，如对企业的自主知识产权、持续研发能力、研发投入等均有明确要求，同时对科技成果转化能力、资产与销售成长性等指标也有严格的评价标准。因此，高新技术企业是在国家重点支持的高新技术领域内，持续进行研究、开发与技术成果转化，形成企业核心自主知识产权，并以此为基础开展生产经营活动的企业。目前，国家重点支持的高新技术有八大领域：电子信息技术、生物与新医药技术、航空航天技术、新材料技术、高技术服务业、新能源及节能技术、资源与环境技术、高新技术改造传统产业。

目前，我国高新技术企业认定需满足以下条件：

①在中国境内（不含港、澳、台地区）注册的企业，近 3 年内通过自主研发、受让、受赠、并购等方式，或通过 5 年以上的独占许可方式，对其主要产品（服务）的核心技术拥有自主知识产权。

②产品（服务）属于《国家重点支持的高新技术领域》规定的范围。

③具有大学专科以上学历的科技人员占企业当年职工总数的 30%以上，其中研发人员占企业当年职工总数的 10%以上。

④企业为获得科学技术（不包括人文、社会科学）新知识，创造性运用科学技术新知识，或实质性改进技术、产品（服务）而持续进

行了研究开发活动，且近 3 个会计年度的研究开发费用总额占销售收入总额的比例符合如下要求：

- 最近一年销售收入小于 5000 万元的企业，比例不低于 6%；
- 最近一年销售收入在 5000 万 ~2 亿元的企业，比例不低于 4%；
- 最近一年销售收入在 2 亿元以上的企业，比例不低于 3%。

其中，企业在中国境内发生的研究开发费用总额占全部研究开发费用总额的比例不低于 60%。企业注册成立时间不足 3 年的，按实际经营年限计算。

⑤高新技术产品（服务）收入占企业当年总收入的 60% 以上。

⑥企业研究开发组织管理水平、科技成果转化能力、自主知识产权数量、销售与总资产成长性等指标符合《高新技术企业认定管理工作指引》（另行制定）的要求。

在新的认定条件下，截至 2010 年年底，全国高新技术企业数量达到 3 万多家。我国《关于促进科技成果转化的若干规定》中规定，高新技术成果向有限公司或非公司制企业出资入股的，其成果作价金额可达到公司或企业注册资本的 35%。这一规定既是鼓励高新技术成果的转化，又是对知识产权在高技术企业中发展趋势的回应。

2.1.3　高新技术企业的特点

高新技术企业是建立在高新技术基础上的企业组织，相对一般或传统企业而言，高新技术企业是知识密集、技术密集型企业，具有较高的技术水平和知识含量，因此，持续创新性、与知识产权关系的密切性、高风险性、高投入性、高成长性、短周期性、多学科性、成立时间短等是其主要特征。

（1）知识产权占据重要地位

高新技术企业的发展更多地取决于包括知识、智力在内的无形资产的作用，这是机器、土地、厂房、设备等有形资产无法替代的，唯有依靠智力发展和知识积累，通过大批具备较高职业技能和必要科学知识的经营管理人才和生产技术人才才能创造高技术的研究和开发，才能为企业创造核心竞争力和价值[84]。因此，高新技术企业较一般传统企业拥有更多的智力、知识等无形资产。高新技术知识密集、技术密集的特性，决定了其投入、产出的高知识含量，高投入和高成长性又决定了高新技术对企业的重要性，这就需要企业在加强自身技术成果保护的同时，还要借助知识产权法律法规保护企业的技术成果。高新技术企业研发产出与知识产权保护关系的密切性，要求产出成果以知识产权形式予以保护，如专利、技术秘密等，这些技术成果形式就直接决定了知识产权特别是专利与高新技术企业的密切关系。

（2）持续创新性

持续创新是高新技术企业最基本的特征之一。企业只有具备一定数量的技术创新成果，才能被认定为高新技术企业，创新是高新技术企业的内生性特征。然而，不仅高新技术企业的成立需要创新，其存续和发展同样需要创新，在开放的市场环境下，只有通过持续不断的创新，企业才能应对日新月异的技术变化，引领行业发展，为市场提供具有差异性的产品，提升企业的竞争能力，增强创新绩效。这里所讲的持续创新，是企业的全方位创新，包括技术创新与制度创新等内容。高新技术企业技术创新有 3 个重要的微观前提：高新技术企业成为技术创新的优势主体；高新技术开发区成为技术创新集群区域；持续创新能力成为高新技术企业的核心竞争力[85]。

（3）高成长性

高新技术由于其前沿性、高效性等特点，能更好地提供市场需要的产品或服务，进而能够更好地满足市场需求。所以，高新技术企业一般具有较大的成长潜力，能够获取更多的市场份额，预期收益和回报非常丰厚，这也是很多风险基金青睐高新技术企业的原因。高风险也意味着高回报，据经济学家推算，美国航天投资收益比为 1∶14，即 1 美元的投资，收益可达 14 美元。1985—2010 年，美国空间技术商业化收益为6000 亿 ~1 万亿美元。因此，发展高新技术产业，能得到高附加值，使企业的收益倍增[86]。高新技术企业的高附加值体现在利用高新技术手段所创造的价值。高新技术企业资产的典型特征是无形资产比重大、人力资源的知识含量高，高新技术潜在价值增值空间大，远远超过了一般技术价值的增值能力，因而，高新技术的成功能为企业带来丰厚的经济效益。

（4）高投入性

高投入表现在高资金投入与高智力资本投入两个方面，这是由高新技术及其产业具有知识密集和人才密集的特点决定的[86]。一般企业的研究与开发费用通常占销售额的 2.5% 左右，而高新技术企业一般要超过 5%，有的高达 10% ~ 15%。如美国 IBM 公司 1980—1984 年电子计算机开发费用和基建投资为 280 亿美元，相当于 20 世纪 40 年代美国研究原子弹的曼哈顿计划全部费用的 14 倍。在高新技术企业发展的各个阶段，除 R&D 投资外，企业开发费用、市场营销、人员培训等都需要大量资金投入。企业达到一定规模后，往往需要进一步的资金投入，这一时期的资金需求量非常大。在人员结构方面，高新技术企业科研人员占企业总人数的比例很高。国际上，高新技术企业研发人员大致占企业总人数的 1/3，有的比例还要高，约为一般企业的 2 倍以上。实际调查结果表明，在中关村高新技术企业中，专职科技人员比例为 45.1%，其中拥有中高级职称科技人员的比例为 71%[87]。

（5）高风险性

高风险性是高新技术企业的本质特征，也是决定其发展的关键因素。高新技术企业的风险源自其高创新性，及由此带来的预期收益的不确定性。高新技术企业的风险性与高新技术的复杂创新性呈同步增长趋势，技术的复杂程度越高，技术的含量越大，技术的创新难度越大，企业所承担的风险也越大[88]。高新技术企业的高风险带来两方面的结果：一是损失的可能性；二是企业发展终止的可能性。在高新技术企业的风险中，最突出的是技术风险、市场风险和法律风险。技术风险是指在新产品研制和开发过程中，由于技术失败而产生的损失，技术风险存在于高新技术企业发展的各个阶段。简而言之，在研发阶段，技术风险表现在研发能力和研发结果方面，不同的研发成果保护形式，具有不同程度的法律风险；在生产阶段，技术风险表现在由于设备、工艺、生产工人等原因导致的产品无法达到设计要求，或由于技术原因导致的产品不能达到市场需要的性能要求，或产品质量不稳定等风险；在商业化阶段，技术风险表现在技术复杂性带来的用户使用中的不友好性和售后服务的低效率风险。据统计，高新技术企业成功率是非常低的，美国高技术企业的成功率只有 15%～20%，70%～80% 的企业会失败。市场风险是指技术创新带来的新产品能否被市场接受，能否取得足够的市场份额。高新技术企业的市场风险主要表现为：产品市场容量的不确定性，新产品的市场需求规模预测通常会与实际情况产生偏离；即使该产品有足够的市场需求，企业仍然存在市场开拓和竞争结果的不确定性，成功的市场开发取决于正确的营销策略、足够的投入及全体营销人员的创造性工作等一系列因素。法律风险是指在企业存续期间所面临的由于外部行为不规范或内部行为不规范，而导致的企业损失或损害的可能性。法律风险存在于企业生产经营中的各个环节和各项业务之中，贯穿企业设立到终止的全过程。

（6）多学科性

高新技术企业所涉及的技术不断向大型化、集约化、复杂化、多学科方向发展。例如激光产业，涉及的并不只是光学科学，而是包含材料科学、光学科学、信息科学、制造技术、控制技术、自动化技术、检测技术等多门学科和技术的综合。这种多学科交叉的特征决定了高新技术企业对综合型人才的迫切需求，同时，也提高了对管理人员的素质要求，不仅要有过硬的专业知识，还要具有综合、协调管理能力。多学科的交叉与融合有利于高技术领域的横向联合和对传统产业部门的提升，改进落后的工艺流程，提高产品性能，增强高新技术企业创新活力，提高解决现实问题的效率。多学科的交叉融合对传统技术的提升表现在 3 个方面：运用高新技术把劳动密集型企业改造成技术密集型企业；节约资源、保护环境，提高资源利用率和环境友好度；优化设计、生产和管理，广泛采用现代信息技术，如计算机辅助设计（CAD）、计算机辅助制造（CAM）、计算机辅助工程（CAE）等，提高了效率和过程的精确性。

（7）短周期性

现代技术的更新换代日趋频繁，技术生命周期也越来越短，一项新技术从产生到成熟至完全退出市场，所经历的时间越来越短。著名的"摩尔定律"，就深刻揭示了高新技术短周期性的特征，即集成电路上可容纳的晶体管数目，约每隔 18 个月便会增加 1 倍，性能也将提升 1 倍，或者说，当价格不变时，每 1 美元所能买到的电脑性能，将每隔 18 个月翻两倍以上。这一定律揭示了信息技术进步的速度。尤其在电子信息技术领域，专家们预言，随着半导体晶体管的尺寸接近纳米级，不仅芯片发热等副作用逐渐显现，电子的运行也难以控制，半导体晶体管将不再可靠。

（8）成立时间短

这是我国高新技术企业独有的特点，由于我国市场经济地位的确立只有短短几十年的时间，1991 年以后，国务院开始组织认定和统计高新技术企业。尽管国内高新技术企业如雨后春笋般涌起，但其成立年限都比较短，大多数为成长期的中小型高新技术企业。因此，与发达国家的高新技术企业相比，我国高新技术企业无论从成立时间、竞争实力及经验方面来讲，都还处于幼年期。

2.2 专利及专利地图

2.2.1 专利

专利一词通常有三层含义，第一层为取得专利权的发明，第二层为专利权，第三层为记载发明专利技术的专利文献[89]。本研究中所说的专利指的就是第三种专利文献。世界知识产权组织（WIPO）将专利文献定义为："专利文献是包含已经申请并被确认为发现、发明、实用新型和工业品外观设计的研究、设计、开发和实验成果的有关资料，以及保护发明人、专利所有人及工业品外观设计和实用新型注册证书持有人权利的有关资料的已出版的文件（或其文摘）的总称。"[90]专利作为知识产权的一部分，是一种无形的财产，具有其他财产所不具有的特点[91]：

①专有性。当一项专利被确认授予某人或某机构后，那么它就为专利权人所有。若未经专利权人允许，在一定时间（专利权有效期）和区域（法律管辖区）内，使用该专利，则属于侵权违法行为。

②区域性。专利是一种有区域范围限制的权利，它只在法律管辖到的区域才有效。一般来说，专利只在申请地所在国家具有法律效力，享有其相应的专利权利，而在没有申请的国家不具有法律效力，并不受到法律的保护。否则，如果某一专利的专利权人想在多个国家享有专利权，必须在多个国家进行专利申请，获得通过后才会获得申请国的专利法律保护。特殊情况下，各国依据《国际知识产权公约》，对某一专利进行普遍认可并实施法律保护，或是一些国家相互间承认专利。

③时效性。时效性是指专利只有在法律规定的期限内才具有法律效力，当超过了法律规定的时间期限，专利将失去其法律效力，专利将被公开，变为社会共有财产。对于专利保护的法律时间期限长短，各国没有统一标准。不过按照《国际知识产权协定》第33条规定："专利保护的有效期应不少于提交申请之日起的第二十年年终。"

④新颖性。为了更好地保护申请人的合法权益，《专利法》规定对于内容相同的发明创造，专利权授予先申请者。因此，专利申请人为了获得专利权，都会在发明创造完成后第一时间申请专利，所以专利文献一般成为最早记录新技术的载体。另外，专利在申请的时候具有新颖性的要求，因此，专利文献反映了当代社会最前沿的技术发展状况和趋势。

⑤完整性。由于《专利法》规定只保护专利申请说明书上所写的内容，而没有写出的部分不予保护。因此，专利申请书内容要求尽可能详尽，从而使得专利文献能将技术信息内容完整地呈现。

⑥规范性。《专利法》要求专利申请书必须按照统一格式书写，在专利文献印刷出版或在信息资料库储存时，会对专利进行统一的识别代

码（INID）编排，并标识相应的国际分类号（IPC）。

⑦丰富性。专利文献记录了人类科学技术的发展过程，各个国家、各个时期的新发明、新技术、新工艺和新设备大都在专利文献中有所呈现。实证统计分析表明，专利是世界上最大的技术信息源，它包含了世界科学技术信息的 90% ~ 95%[92]。专利文献覆盖从纺织到机械工程，从运输到固定建筑物，从冶金到电学等各方面学科的内容。

2.2.2 专利地图

（1）专利地图的功能

专利地图是一种专利情报研究方法和表现形式，它揭示了科学技术发展趋势及未来的技术走向。通过专利地图可以获取技术研发动向、目标技术市场差异等大量竞争情报，对其充分运用不仅可助力于企业技术战略的确定和研发过程的技术管理，而且可为各国政府制定产业科技政策提供决策支持。总体来看，专利地图的功能主要体现在以下几个方面。

1）研发/技术推进

专利地图的制作需要对专利技术进行全面分析和搜索，从而能系统掌握技术发展趋势、领域技术结构等信息，有助于拓展技术研发人员的思路，激发新的创意，从而开辟新的技术方向、技术领域，发现新的技术手段，识别新的技术机会，促进技术创新，推进新的技术研发活动。

2）科技计划制定和技术战略管理

通过专利地图，可以掌握特定技术领域的技术发展状态、技术变迁趋势、专利技术布局等大量的技术竞争情报。通过上述情报信息，对于国家政府而言，将为其制定国家科技计划及总体布局产业技术发展规划有重要的参考价值；对于企业而言，将帮助企业剖析竞争对手的技术实力和技术关系，发现技术合作伙伴，预测未来技术发展趋势，从而确定企业技术发展战略。

3）技术侵权规避

专利文档既包含技术内容又包含权利内容，应用专利地图，不仅可以获得技术的相关信息，也可以得到技术的权利信息，明确权利要求范围。对照专利文献的权利说明书，分解权利要求的构成要件，从而识别可能的技术侵权，并相应制订避免侵权的策略。例如，通过增加或减少权利要求，进行专利回避设计。同时，应用专利地图，也可有效应对专利侵权的法律诉讼。

4）应对技术贸易谈判和技术贸易壁垒

应用专利地图，可以帮助企业分析竞争对手的弱点或优势，从而在专利技术许可贸易中取得谈判的主动权，在技术贸易谈判中处于有利地位。同时，专利地图可以指导政府管理部门应用国家、行业标准排斥外国专利申请人在我国进行专利部署，从而为我国企业在国内市场抢得主动权，有效应对技术贸易壁垒。

（2）专利地图的类型

根据专利地图制作目的，以及专利情报分析的侧重点，可将专利地图大致分为 3 类[93]。

1）专利技术地图（technical PM）

专利情报分析服务于科技研发。将专利资料中的技术类别及功效类别等进行归纳。从这类图表中可以看出具体技术的动向，并进一步预测技术发展趋势。这与技术研发方向决策紧密相关，并为研发中的技术地雷、回避设计等战略决策提供重要信息依据。该类图主要包括技术功效分布矩阵图、专利技术功效矩阵图、专利技术发展图等。

2）专利管理地图（management PM）

专利情报分析服务于经营管理。将大量的资料依据"专利申请数量"、"专利申请人"、"发明人"、"引证率"、"专利分类号"、"专利寿命"、"专利授权率"等变量进行归纳分析，从而反映业界或具体技术领域整体技术状况。主要包括申请人专利分布图、企业专利数量消长图、所属国专利量比例图、企业发明阵容比较图等。

3）专利权利地图（claim PM）

专利情报分析服务于权利范围的界定。将专利权利要求作为主要分析指标，制作已有技术专利的权利范围地图，揭示权利要求范围、权利状态、权利转让、侵权可能性等信息。其目的一方面通过检索专利权范围评估自身技术是否具备可专利性和产业利益；另一方面也可通过对自身研发计划和权利要求的严格规划，来避免产生专利冲突而被竞争对手提起司法诉讼。对于研究热门领域和重点领域，这类专利地图具有非常重要的指导作用。特别是可作为"专利战术"来配合技术部门的"技术战术"。该类图主要包括专利范围构成要件图、重要专利引用族谱图、专利范围要点图、同族专利图等。

3 种专利地图本质上是分别对专利文献所具有的技术、经济和法律信息的具体分析与提炼，从而可以科学、全面、有效地利用这些信息。专利地图类型划分是大致的，并没有任何标准可以将其严格区分开。因此，在实际操作中，可根据自己的实际要求来研制专利地图。

通过以上研究可知，专利地图有多种功能可以反映多种有价值的信息，但目前许多专利地图的制作仅仅应用简单的统计方法，专利文献中许多深层次的信息未能被很好反映，故本研究使用文本挖掘技术对专利文献进行挖掘分析，用于构建适用于高新技术企业技术威胁识别的专利地图。

2.3　文本挖掘

2.3.1　文本挖掘概念

文本挖掘是由 Usama M Feldman 在 1995 年首次提出的，是指从非结构化的文本文档中抽取用户感兴趣的、重要的模式或知识的过程，可以看作是数据挖掘或数据库知识发现（KDD）的延伸[94]。

文本挖掘的主要处理过程如图 2 - 1 所示。

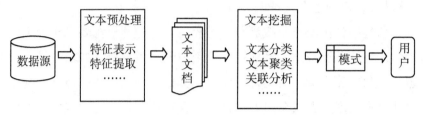

图 2 - 1　文本挖掘过程

2.3.2　特征表示

特征表示是指用特征项来表示文本信息。在应用文本挖掘技术处理文档时，用这些特征项代替需要被处理的文档，只需要处理这些特征项即可实现对非结构化文本的处理。常用的特征表示模型有布尔模型（Boolean Model）、概率型（Probabilistic Model）及向量空间模型（Vector Space Model，VSM）等，近年来被广泛应用的是向量空间模型。

向量空间模型将文档表示为一组由特征项组成的向量，每个文档表示成其中的一个范化特征向量 $V(D) = (t_1, w_1; t_2, w_2; \cdots ; t_n, w_n)$，其中 t_i 为特征项，w_i 为 t_i 在文档 D 中的权值。这样，所有的文档就构成了一个向量空间。当文档集合固定时，t_i 值固定不变，故可看作特征向量的下标，从而特征向量简化为 $V(D) = (w_1, w_2, \cdots, w_n)$。

权值大小取决于所选择的加权公式，加权公式的选取直接影响到文本分类的性能。常用的权值计算方法有以下几种：①二值表示，二值指的是 0 和 1，表示如果特征项 t_i 出现在文章中，则 w_i 值为 1，否则为 0；②频率特征，权值 w_i 的值用特征项 t_i 在文章中出现的频率表示。其中，二值表示方法比较简单，但是丢掉了很多有价值的信息；频率特征方法保留了特征项频率的具体数值，相对更为合理。

向量空间模型常采用相似度来度量两个文档 D_1、D_2 之间的相关程度，而相似度定义为文档向量之间的距离，以夹角余弦公式居多：

$$Sim(D_1, D_2) = \cos(\theta) = \frac{\sum_{k=1}^{n} w_{1k} w_{2k}}{\sqrt{\sum_{k=1}^{n} w_{1k}^2} \times \sqrt{\sum_{k=1}^{n} w_{2k}^2}}$$

式中：$D_1 = (w_{11}, w_{12}, \cdots, w_{1n})$，$D_2 = (w_{21}, w_{22}, \cdots, w_{2n})$。

向量空间模型是公认的性能最好的特征表示方法，故本研究使用向量空间模型表示文本特征，使用频率特征来确定权重系数[95]。

2.3.3 文本聚类

文本聚类是无指导的机器学习，它将一个文档集合分成若干个簇，要求不同簇间的相似度尽可能小，而同簇内文档内容的相似度尽可能大[96]。文本聚类可广泛应用于信息检索与文本挖掘的不同方面，在大规模文本集的组织与浏览、文本集层次归类的自动生成等方面都具有重要的应用价值。

（1）文本聚类方法[97~99]

文本聚类的方法有很多，主要包括划分聚类法、层次聚类法、基于网格的方法、基于密度的方法、基于模型的方法等，其中以划分聚类法和层次聚类法最为经典。

划分聚类是按照某种划分准则，将包含 N 个文档的数据集划分成指定数目的 K 个簇。其中，全局优化方法是穷尽所有的 K – 划分空间寻找满足准则的最优划分。启发式方法则是从随机 K – 划分出发，通过迭代操作不断调整文档归属，直到收敛（前后两次划分不变）。代表性的启发式方法有 K-means 和 K-medoids 算法。

层次聚类又分为自底向上的凝聚式和自顶向下的分裂式两种。凝聚式方法开始将每个文本视为一个"簇"，然后每次寻找最近的两个簇进行合并，直到所有文本合并为一个簇。分裂式方法开始将所有文本视为一个簇，然后每次选择最大的一个簇分裂为两个，直到每个文本自成一"簇"。在实际应用中不一定要生成完整的层次聚类树，可根据具体需要（比如要求聚成 K 个簇），在适当的位置截断层次树（停止聚类），即可达到特定的聚类目标。凝聚式和分裂式示意如图 2 – 2所示。

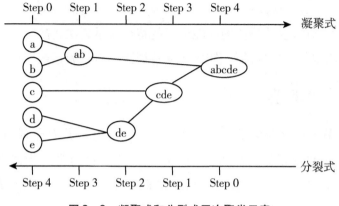

图 2-2 凝聚式和分裂式层次聚类示意

（2）自组织网络聚类技术

自组织网络或称自组织映射（Self-Organizing Maps，SOM）是一种聚类和高维可视化的无监督学习算法，由芬兰神经网络专家 Kohonen 教授在 20 世纪 80 年代提出[100]。

该算法是通过模拟人脑对信号处理的特点而发展起来的一种人工神经网络。作为一种降维映射的方法，SOM 在对数据矢量进行量化的同时，还能实现数据的降维映射。另外，该映射还具有分布密度匹配及拓扑关系保持的优良特性[101]。

SOM 网络的拓扑结构如图 2-3 所示。SOM 网络上层为输出神经元，它们按某种形式排成一个邻域结构。输入节点处于下方，若输入向量有 k 个元素，则输入端有 k 个节点，每个输入节点到每个输出节点都有权值连接，而输出节点之间也可能有局部连接。

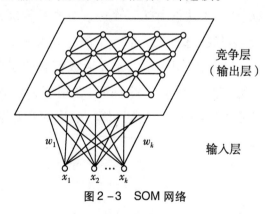

图 2-3 SOM 网络

1）SOM 算法描述

设输入空间由 $x(t) \in R^M$ 组成，权重向量用 $w_i(i \in \{1,2,\cdots,N\})$ 来表示，在网络中的每个处理单元 i 有相同的维度 M，这构成了输入空间。设输入向量为 $x(t)$，其连接的权重为 w_i，为了找到 $x(t)$ 最好的匹配值，按照以下竞争机制选取获胜神经元：

$$i^* = \arg \min_{1 \le i \le N} \| x(t) - w_i(t) \|$$

即网络选择权值向量 $w_i(t)$ 中与输入信号 $x(t)$ 的最小距离的神经元节点为获胜节点，权值更新如下：

$$w_i(t+1) = w_i(t) + \varepsilon h_{i,r}(x(t) - w_i(t))$$

式中：r 是在输入 $x(t)$ 下竞争获胜的神经元（$r = \arg \min \| x(t) - w_i(t) \|$）；$\varepsilon$ 是学习增益系数，随着学习次数呈指数下降；$h_{i,r}$ 是邻域作用函数，被定义为近似 RBF 的核函数，其中，$h_{i,r} = \exp(-\| r - i \|)/2\sigma^2$。这就是说，SOM 在 WTA 准则作用下，每次确定唯一获胜神经元，调整过程也是在获胜神经元的一定拓扑范围内。

自组织映射的最大特点是，在保持输入空间拓扑结构的同时将高维空间映射到低维空间，显示输入空间的统计结构。该模型引入 WTA 竞争机制和侧抑制规则，在确定获胜神经元后通过 Hebb 规则调整该神经元及其邻域的权值，邻域调整大小、学习率均是退火过程。已经证明，SOM 模型在样本空间的分布或大致分布已知的情况下，可以获得很好的自组织效果，因此在神经计算、聚类、语音识别、向量量化等领域得到广泛的应用。

2）SOM 算法的具体过程

基本 SOM 的训练过程如下：

①初始化，对输入神经元到输出神经元的连接权值赋予较小的值；

②提供新的输入模式；

③计算输入样本与输出神经元之间的距离，计算出具有最小距离的神经元作为获胜神经元；

④给出获胜神经元的领域，即其邻接神经元；

⑤修正输出神经元及其邻接神经元的权值；

⑥计算输出。

3) SOM 网络在专利文档聚类中的适用性

SOM 网络通过特征映射，可实现高维数据在低维空间中表示，并将其在低维空间中以简单的几何关系展现出来，便于高维数据的可视化。SOM 网络的自组织、可视化、聚类效果好等特性，使得 SOM 理论分析和工程应用的研究受到神经网络研究领域的重视[102]。

SOM 网络的优秀性能可归纳为 4 个方面[102]。

①对输入数据具有聚类的作用：可用一个聚类中心代表多个输入，从而压缩数据；

②保持拓扑连续性：输入中特性相似的点映射后，在输出空间中也是邻近的；

③能反映训练样本的概率分布情况：原数据中呈某种概率分布，在映射图上的对应区域也有着相同的概率分布；

④相比其他聚类算法，如 K-means 聚类算法，SOM 聚类系统具有更好的鲁棒性。

尽管 SOM 模型也存在着不足，特别是需要预先给定网络单元数目及其结构形状的限制，但在本研究的应用中可忽略不计。鉴于以上原因，本研究采用 SOM 方法对专利文档进行聚类。

2.4 术语抽取相关理论

术语自动抽取方法归纳起来分为 3 类：基于统计学的术语抽取方法、基于语言学的术语抽取方法、统计学和语言学相结合的术语抽取方法[103]。

2.4.1 基于统计学的术语抽取方法

基于统计学的术语抽取方法，是利用各种统计模型从概率意义上来衡量词串是否为术语。其优点是易于实现，较少需要人的干预；适应性强，可用于不同领域；可识别未知词汇。其缺点是不够简洁直观，对语料的依赖性很强，运行结果严重依赖于语料，必须有充足的语料才能获取较为理想的结果；准确率不高，因为许多概率意义上关联的词语都不是术语；无法识别低频术语；由于必须进行大量的计算，很容易带来运行效率的问题。

基于统计学的术语抽取方法中主要用到的参数有频率、假设检验（包括 t 检验、卡方检验等）、似然比（LR）、信息熵和互信息（MI）。

（1）基于词频的术语抽取算法

术语在某特定领域具有较大的流通性，而在其他领域很少出现，甚至不出现。这一特点就决定了术语在某特定领域出现的频率较大。频率是一种常用的统计方法，这里是指词频，即词语在语料库中出现的次数。这种方法实现起来比较简单，它不需要词典等知识库，可以应用到多个领域，是一种通用的方法。对于那些固定的短语，使用词频来抽取术语，取得了较好的效果。而对于那些出现频率较低的术语和出现频率很高但不是术语的词语，使用频率这一参数是无法将它们抽取出来的。对于出现频率低且为术语的词语，这种方法会降低术语抽取的召回率。对于那些出现频率高却不是术语的词语，例如"社会"、"人们"等常用词语，当采用频率这一参数来衡量术语时，将被错误地确定为术语，从而大大降低了术语抽取的正确率。

基于词频的术语抽取算法是一种最基本的算法，它只针对术语的词频特征来进行，而单纯根据该特征无法得到较好的效果。该算法实现起来较简单，但其抽取效果较差，术语的准确率较低。这种算法对术语的特征没有进行全面的把握，研究者很少使用这种方法来抽取术语。

（2）基于假设检验的术语抽取算法

假设检验是统计推断的一个基本问题，在总体的分布函数完全未知或只知其形式但不知其参数的情况下，为了推断总体的某些性质，先对总体的分布类型或总体分布的参数做某种假设，然后根据样本提供的信息，对所做的假设做出是接受还是拒绝的决策，这一过程就是假设检验。其基本原理是：首先提出原假设 H_0，其次在 H_0 成立的条件下，考虑已经观测到的样本信息出现的概率。如果这个概率很小，就表明一个概率很小的事件在一次实验中发生了。而小概率原理认为，概率很小的事件在一次实验中几乎是不发生的，也就是说，在 H_0 成立的条件下导出了一个违背小概率原理的结论，这表明假设 H_0 是不正确的，因此拒绝 H_0，否则接受 H_0。假设检验包括 t 检验和卡方检验。

1）t 检验

t 检验法是假设检验的一种常用方法，当总体方差未知时，可以用来检验一个正态总体或两个正态总体的均值检验假设问题，也可以用来检验成对数据的均值假设问题。它着眼于样本的均值和方差，考虑了在期望均值和观测均值之间的不同，使用数据的方差来衡量。t 检验法主要用于样本含量较小（如 $n < 30$），总体标准差未知的正态分布。t 统计量的计算公式为：

$$t = \frac{\overline{X} - \mu_0}{S / \sqrt{n}}$$

式中：$\overline{X}$ 为样本均值，μ_0 为服从正态分布的变量的均值，S 为样本标准差，n 为样本的大小。

2）卡方检验

卡方检验又叫 x^2 检验，是一种大样本假设检验法，用于检验随机事件中提出的样本数据是否符合某一给定分布。它需要较大量的样本数据及已知的待检验概率分布函数。x^2 检验的基本原理是假设各个样本来自同一属性的总体，各组中实际数之间的差别仅仅是由于抽样误差造成的；通过分别计算各组实际数与理论数的离散情况，求得总的误差 x^2 值，从而测定假设存在的概率，即可能性 P。如果假设成立，那么 x^2 值就不会很大，而保持在一定范围内，相应的 P 值就大于 5%，此时说明各样本间的差别本质上无明显差异，它们来自同一属性的总体。否则，它们不是来自同一属性的总体，假设被否定。其 x^2 统计量为：

$$x^2(x, y) = \sum_{ij} \frac{(O_{ij} - E_{ij})^2}{E_{ij}}$$

式中：i 表示表中的行变量，j 表示列变量，O_{ij} 表示表单元 (i, j) 的观测值，E_{ij} 表示期望值。

与 t 检验相比，卡方检验的优点在于它并不需要样本满足正态分布，其缺点是样本量较小时说服力不强。t 检验的优点在于当样本量较小时，其结果具有较强的说服力，但这种方法要求样本必须满足正态分布。术语抽取往往是在大规模语料库上进行的，数据量较大，但是各样本却不一定满足正态分布。因此，在术语抽取方法的研究中，卡方检验比 t 检验应用得更为广泛。

（3）基于似然比的术语抽取算法

似然比是一个简单的比值，但可以表达出一个假设的可能性比其他假设大多少。对于稀疏数据，似然比比卡方检验更加合适，而且，计算出来的似然比统计值比卡方检验的统计值更有可解释性。

用下面两个可选的假设来解释二元组 $w_1 w_2$ 的出现频率。

假设 1：$P(w_2 | w_1) = p = P(w_2 | \neg w_1)$

假设 2：$P(w_2 | w_1) = p_1 \neq p_2 = P(w_2 | \neg w_1)$

假设 1 是独立性假设的形式化，即 w_2 的出现和前面 w_1 的出现是独立的；假设 2 是非独立性假设的形式化，即 w_2 的出现和前面 w_1 的出现是相关的。

使用最大似然估计的方法计算 p、p_1 和 p_2，用 c_1、c_2、c_{12} 来表示语料库 w_1、w_2、w_{12} 出现的次数，则其计算公式分别为：

$$p = \frac{c_2}{N}, \; p_1 = \frac{c_{12}}{c_1}, \; p_2 = \frac{c_2 - c_{12}}{N - c_1}$$

假设二项式分布：

$$b(k; n, x) = \binom{n}{k} x^k (1 - x)^{(n-k)}$$

实际观测到的 w_1、w_2 和 $w_1 w_2$ 频率的似然值为 $L(H_1) = b(c_{12}; c_1, p)$ $b(c_2 - c_{12}; N - c_1, p)$（假设 1 的情况）和 $L(H_2) = b(c_{12}; c_1, p_1) b(c_2 - c_{12};$ $N - c_1, p_2)$（假设 2 的情况）。表 2-1 详细列出了相应的概率计算公式。

似然比 λ 的对数值为：

$$\log \lambda = \log \frac{L(H_1)}{L(H_2)} = \log \frac{b(c_{12}; c_1, p) b(c_2 - c_{12}; N - c_1, p)}{b(c_{12}; c_1, p_1) b(c_2 - c_{12}; N - c_1, p_2)}$$

$$= \log L(c_{12}, c_1, p) + \log L(c_2 - c_{12}, N - c_1, p) - \log L(c_{12}, c_1, p_1) - \log L(c_2 - c_{12}; N - c_1, p_2)$$

式中：$L(k, n, x) = x^k (1 - x)^{(n-k)}$。

表2-1　似然比检验公式

	H_1	H_2
$P(w_2 \mid w_1)$	$p = \dfrac{c_2}{N}$	$p_1 = \dfrac{c_{12}}{c_1}$
$P(w_2 \mid \neg w_1)$	$p = \dfrac{c_2}{N}$	$p_2 = \dfrac{c_2 - c_{12}}{N - c_1}$
条件 c_1 下 c_{12} 对应 $w_1 w_2$	$b(c_{12}; c_1, p)$	$b(c_{12}; c_1, p)$
条件 $N - c_1$ 下 $c_2 - c_{12}$ 对应 $\neg w_1 w_2$	$b(c_2 - c_{12}; N - c_1, p)$	$b(c_2 - c_{12}; N - c_1, p_2)$

使用似然比检验的优点在于：一是它有一个很清晰直观的解释，即如果似然比很小，表示它非常可能符合假设2，即 $w_1 w_2$ 不是偶然出现的；二是它比卡方检验更好地解决了稀疏数据问题。如果说 λ 是一个具体形式的似然比，那么 $-2 \log \lambda$ 渐进逼近卡方分布。在置信水平为0.005 的临界值为7.88（自由度为1），即当 $-2 \log \lambda > 7.88$ 时，$w_1 w_2$ 非常符合假设2，可能是一个潜在的术语。似然比检验比卡方检验更适合用于术语抽取。

（4）基于互信息的术语抽取算法

互信息 $I(X, Y)$ 是信息论中的一个基本概念，它作为一种衡量两个信号关联程度的尺度，后来引申为对两个随机变量间的关联程度进行统计描述。两个事件 X 和 Y 的互信息定义为：

$$I(X, Y) = H(X) + H(Y) - H(X, Y)$$

式中：$H(X)$ 是信息熵，$H(X, Y)$ 是联合熵，其定义为：

$$H(X, Y) = - \sum_{x, y} p(x, y) \log p(x, y)$$

信息熵是由香农提出的，解决了对信息的量化度量问题。熵是表征事物复杂程度的量度。在信息论中，信息被定义为对事物不确定性的消除和减少。如果要衡量信息量的多少，就需要确定信息输入前后不确定性的大小，熵可以用来度量不确定性或复杂性的大小。其定义为：

$$H(X) = - \sum_{x \in X} p(x) \log p(x)$$

　　它的物理意义就是要表征一个事物里每个元素所使用的最短平均二进制编码的长度。可以想象，如果需要的平均编码越长，那么表达的信息就越多，该事物就越复杂。

　　互信息是一种计算两个随机变量之间共有信息的度量，满足非负性和对称性两个特点。虽然直观地看互信息可以衡量变量之间的依赖程度，但实际上它更应该作为验证变量是否互不相关的手段，因为它的取值具备以下两个特点：当两个随机变量无关时，互信息为零；当变量之间存在依赖关系时，它们的互信息不仅和依赖程度相关，而且和变量的熵也相关。

　　对于两个词类来说，其互信息为：

$$
\begin{aligned}
I(X,Y) &= H(X) - H(X \mid Y) \\
&= H(X) + H(Y) - H(X,Y) \\
&= \sum_x p(x) \log \frac{1}{p(x)} + \sum_y p(y) \log \frac{1}{p(y)} + \sum_{x,y} p(x,y) \log \frac{1}{p(x,y)} \\
&= \sum_{x,y} p(x,y) \log \frac{p(x,y)}{p(x)p(y)}
\end{aligned}
$$

式中：词语 x、y 分别属于两个不同的词类。

　　在判断两个词语 x 和 y 之间的关联程度时，互信息如下：

$$
I(x,y) = \log \frac{p(x,y)}{p(x)p(y)}
$$

式中：$p(x)$ 和 $p(y)$ 分别是 x 和 y 独立出现的概率，$p(x,y)$ 是词语 x 和 y 在语料库中相邻出现的概率。

　　如果词语 x 和 y 是完全的互相依赖，即 $p(x,y) = p(x) = p(y)$，则其互信息为：

$$
I(x,y) = \log \frac{p(x,y)}{p(x)p(y)} = \log \frac{p(x)}{p(x)p(y)} = \log \frac{1}{p(y)}
$$

显然，对于两个完全互相依赖的词语来说，它们出现的频率越小，其互信息越大。

　　如果词语 x 和 y 是完全的互相独立，则其互信息为：

$$
I(x,y) = \log \frac{p(xy)}{p(x)p(y)} = \log \frac{p(x)p(y)}{p(x)p(y)} = \log 1 = 0
$$

对于两个完全互相独立的词语来说，它们之间的互信息为0。

在术语抽取方法中，互信息一般都用于计算词串的单元性，即该词串在语料库中作为一个词语出现的可能性。

在计算互信息时，由于词语的概率是不能直接计算得到的，因此，我们将词语的词频作为其概率的最大似然估计，则词语 x 和 y 之间的互信息为：

$$MI(x,y) \ = \ \log \frac{f(xy)}{f(x)f(y)}$$

式中：$f(xy)$ 是指词串 xy 在语料库中出现的次数，$f(x)$ 是指词语 x 在语料库中出现的次数，$f(y)$ 是指词语 y 在语料库中出现的次数。

由互信息的计算公式可知，当两个词串相邻出现的频率较高时，其互信息就较大，当它们出现的频率较低时，其互信息就较小。显然，互信息对词频的依赖性较强，对于出现频率较低的词语来说，这种方法是不适用的。

2.4.2　基于语言学的术语抽取方法

基于语言学的术语抽取方法[104]主要是利用术语上下文和术语的内部组成成分来识别术语。该方法利用规则在语料中进行匹配，将复合既定规则的多字单元作为术语输出。它的优点是简洁直观、表达能力强，可应用专家知识，在先验知识与文本匹配的情况下，准确率高；缺点是适应性不强，无法识别未知词汇。

另外，相对于一般领域内的通用词汇而言，专业术语往往是未登录词语，且针对性较强，在其识别过程中有以下几个难点：

①构词无规律。专业术语的构成不像人名、地名有一定的构词规律。专业术语的构成方式多样，有些是由单字词或语素字组成；用字比较分散，有些是普通字，有些是生僻字；专业术语的长度也没有一定的限制。

②缺乏启发信息。人名、地名的识别有一定资源如《中国人名用字库》、《中国地名用字库》可以借鉴。与中国人名相比，专业术语缺

乏像姓氏一类的启发信息。

③专业术语指示词出现情况多样化。在真实文本中，一些介词、动词之类的指示词（如"防治"、"危害"）经常同专业术语一起出现，对专业词汇识别能起标志作用，但这类词在文本中并不总是与专业术语同时出现，如"危害广大人民群众的利益"、"防治策略有很多"。

④专业特征词出现情况复杂。专业术语经常伴随着一些专业特征词出现，如"病"、"虫"、"蛾"等。但是文本中出现的专业特征词，并不都表示真正的专业术语，如"重病"。

由此可见，种种现象使得专业术语的识别变得更加复杂。因此，纯粹基于语言学的方法在术语抽取方面的效果并不是太好。

基于语言学的术语抽取方法主要是从术语的组成规则、句法分析等角度来实现对术语的抽取。一方面，这种方法常常需要专家知识库作为基础，而无论是人工构建知识库还是自动构建知识库，都需要领域专家的干预和监督。同时，对于不同领域的术语来说，它们在词语的组成方面具有不同的特征，而且是不断变化的。为了得到较好的抽取效果，知识库必须不断地进行更新和调整，这样就势必需要大量的人工干预，术语抽取也被知识库所制约。另一方面，这种方法没有考虑到术语在语料库中的分布规律，即所出现的文本块、词频及共现词语等信息，这些信息对于揭示术语的特征具有重要的作用。因此，基于语言学的方法在术语抽取中应用较少，具有较大的局限性。

2.4.3 基于统计学和语言学的术语抽取方法

基于统计学和语言学的术语抽取方法结合了上述两种方法的优点，近年来得到了较大的发展，在术语抽取领域是最常见的一种方法。这种方法主要结合了上下文特征、句法结构规则及统计信息来识别候选术语。用上下文方法来衡量关联强度是基于相似的术语一般出现在相似的文本中的假设。这样，上下文相似度可以有很多种方法来确定，这依赖于文本定义的方式。例如，一些方法仅仅考虑在相邻的位置出现的词，另一些方法考虑了语法规则。

3 技术威胁相关概念研究

3.1 技术的概念和本质

技术是什么？技术为何会产生威胁？本节将重点对"技术威胁"中"技术"的概念进行深入探讨，并从"技术"本质进行分析，探究"技术"为何会产生威胁。

3.1.1 技术的概念

技术是什么？《哲学大辞典》认为："技术一般指人类为满足自己的物质生产、精神生产及其他非生产活动的需要，运用自然和社会规律所创造的一切物质手段及方法的总和。包括生产工具和其他物质设备，以及生产的工艺过程和作业程序。从本质上说，技术是一种劳动的形态，是人类自身功能的对象化的产物。"

在历史上对技术的定义有技能说、手段说、应用说、知识说、实践说等[105]。

"技能说"认为技术就是经过熟练而获得的经验，技能和技艺。例如，苏联学者布罗诺夫斯基将技术定义为："人类用以改变环境的各种不同技能的整体。"日本人村田富二郎将技术定义为："在生产现场中，直接或间接被充分利用的，只有经过特定训练的人才具备的特定能力。"

"手段说"是将技术理解为为了实现目的的物质手段体系的总和。《简明不列颠百科全书》认为"技术是人类改变或控制客观环境的手段或活动"。《苏联大百科全书》将技术定义为"为实现生产过程和为社会的非生产需要服务而创造的人类活动手段的总和"，认为"生产技术中最积极的部分是机器"，"技术就是生产体系中劳动手段的总和"。日本学者相川春喜则指出"技术是劳动手段的体系"，形成"劳动手段体系说"的技术界定。

"应用说"强调技术的主体因素，即"有意识的应用"。"应用说"的技术定义具有深刻的实践性和辩证的逻辑性，强调人类实践的主体性，因而把对技术本质的认识从狭隘的社会科学领域推进到从哲学上来进行反思。需要注意的是，这里所说的"意识"的实质。当把"意识"的理解仅仅局限在纯粹的抽象概念中，就有陷入合理主义思想的危险。有许多现代技术经验说明，把这种"意识"单纯地带到生产实践中去，那么靠生态系统、自然资源、人类环境形成的自然平衡就会失调，技术本身也会遭到破坏。技术的应用说从静态的形而上学理论体系构建出发阐释技术的目的，技术主体与客体之间的关系，是一种主客之间、目的与手段之间相分离的技术认识。

"知识说"将技术理解为一种知识。德国的贝克曼给技术下定义为"指导物质生产过程的科学或工艺知识"。埃吕尔将技术定义为"一切人类活动领域中通过理性得到的，具有绝对有效性的各种方法的总体。"他认为："技术是合理、有效活动的总和，是秩序、模式和机制的总和。技术是在一切人类活动领域中通过理性得到的（就特定发展状况来说）具有绝对有效性的各种方法的整体。"中国的《辞海》对技术的定义是："技术是人类在争取征服自然力量，争取控制自然力量的斗争中，所积累的全部知识与经验。"张华夏与张志林两位教授认为，"技术是一种特殊的知识体系，一种由特殊的社会共同体组织进行的特殊的社会活动。不过这种知识体系指的是设计、制造、调整、运作和监控各种人工事物与人工过程的知识、方法与技能的体系"。

"实践说"则强调人类的实践过程，认为科学是理论（知识），技术是实践。技术之为人对自然界的实践关系。日本的武谷三男与星野芳郎都将技术的本质理解为人类实践的概念。武谷三男认为，技术的本质概念不是实体的概念，而只有人类实践的概念才是技术的本质概念。他认为，人类的行为应该是因果律和自由律的统一，人类的技术实践有下述两个基本特点：第一，人类的实践，特别是生产实践，是按客观规律性进行的。无视客观规律性的人类实践是不能存在的。第二，技术与技能不同，只有把这两个概念截然分开，才能正确把握技术发展史，才能正确处理和解决现代技术的难点。星野芳郎则对以上观点进行了详细的阐述。所谓生产实践，指的是劳动本身、劳动过程。依据马克思的观点，劳动在本质上是人与自然之间的一个过程。而人类劳动之所以称其为人类劳动的根本道理，即是有目的地在客观中主观地掌握合乎目的的自然规律性，并在实践中有意识地加以应用。技术上的自然规律性总是合乎目的的，是能达到目的的特殊的自然规律性。因此，自然规律性是技术的一种特性，自然规律性是技术领域研究的内容。要研究技术的本性，就需要弄清楚人类的实践是如何成为可能的，实践是怎样进行的。日本的吉谷丰认为，"所谓技术，就是为了人类及社会的需求创造财富，为了维持和发展社会解决各种各样问题"。

综合国内外学者的研究观点，发现关于"技术"的定义主要集中在两大类：

第一，倾向于在理论的维度上理解技术，认为"技术"是一种知识（或方法）体系，即作为知识的技术，包括技能、规则、理论等要素——邦格（1977）认为技术是"按照某种有价值的实践目的用来控制、改造和创造自然的与社会的事物和过程，并受科学方法制约的知识总和"。

第二，倾向于在实践的维度上理解技术，一种注重实践结果，另一种注重实践过程。其中，注重实践结果的观点认为"技术"是一种人类活动（或行为）的结果、产物、产品，即由技术实践所产生或制造的物质工具、设备或人工物[105]；注重实践过程的观点认为"技术"就是设计、制造和调整、运作和监控人工过程或活动本身[106]。

鉴于笔者在这里的研究对象"技术威胁"中的"技术"，更多的是从实践角度探索"技术"的含义，综合上述研究，笔者认为"'技术'是技术主体在一定目的作用下，经历设计、制造及运作等一系列活动，从而产生或制造的物质工具、设备或人工物的过程"。

因此可以看出，技术由四部分组成，即技术的四元组 Technology = {TS，TG，TP，TA}：TS——技术主体，TG——技术目的，TP——技术过程，TA——技术成果，如图 3 - 1 所示。

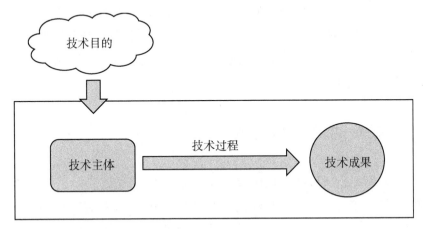

图 3 - 1 "技术"解析

3.1.2 技术的本质

从技术的社会属性角度，探讨"技术"的本质，一直有两种观点，即"社会建构论"和"技术决定论"，两者统称为"技术价值论"。

技术决定论认为，技术已经成为一种自主的技术，技术构成了一种新的文化体系，这种文化体系又构建了整个社会。所以，技术是一种自律的力量，它按照自己的逻辑前进，"技术规则"决定一切，支配着社会和文化的发展，技术的发展决定并支配着人类的精神和社会状况[107]。

社会建构论认为，技术发展囿于特定的社会情境，技术活动由技术主体的利益、文化选择、价值取向和权利格局等社会因素所决定。其中，技术主体是具有价值取向和利益需求的具体人群，而与主体相关的技术活动存在着复杂的社会利益和价值冲突，因此，技术是社会利益和文化价值倾向所建构的产物，技术体现了更广泛的社会价值和技术主体的利益[107]。

综上可见，技术决定论与社会建构论从两个方面论述了技术的价值负载问题，技术一方面遵循客观规律，另一方面技术活动还具有特定的价值取向，这种特定的价值取向对于社会文化价值取向具有动态的重构作用。与此同时，技术是社会文化的产物，技术动态地反映了社会利益和社会价值取向。所谓的价值负载，实质上是内在于技术的独特的价值取向与内化于技术中的社会文化价值取向和权利利益格局互动整合的结果[108]。由此可见，技术的本质决定了技术发展的同时，必然会在不同的技术主体之间产生威胁。

3.2　威胁的概念和内涵

普遍意义上"威胁"的解释，大多是立足于"威胁"的制造者的角度，将"威胁"作为一个动词予以释义，例如，《辞海》中的释义为"逼迫，恐吓"[109]；《辞源》中的释义为"用暴力使人屈服"[110]。而本项研究关注的是研究对象所面临的威胁，即存在的威胁，这里的"威胁"是一个名词。从一般意义上讲，存在威胁就是研究对象的利益或安全可能受到危害性影响的一种状况，因此，本项研究所指的"威胁"是一种态势，反映研究对象在一定环境条件下所处态势的优劣[13]。

深入探究"威胁"的概念，分析威胁的形成过程，即在一定环境条件下，威胁主体通过即将、正在进行或者已完成的活动，对威胁客体的利益造成损害，使其处于不利状态。由此可知，"威胁"可以表达为一个五元组：Threat = {TRE，TRS，TRO，TRI，TRC}，其中，TRE——环境条件，TRS——威胁主体，TRO——威胁客体，TRI——威胁事件，TRC——威胁状态。

3.3　技术威胁的概念、内涵及特点

3.3.1　技术威胁的概念和内涵

上述研究分别探讨了"技术"和"威胁"的概念和内涵，综合

"技术"和"威胁"的含义,可知"技术威胁"即"技术的威胁"或"技术引发的威胁",其主要涵盖以下关键因素:TTRE——环境条件,TTRS——技术威胁主体(等同于技术主体 TS),TTRO——技术威胁客体,TTRI——技术威胁事件(通过技术过程 TP,得到技术成果 TA),TTRC——技术威胁的状态。同时,针对当今知识经济时代的特点,给出"技术威胁"的概念如下:技术威胁是指在一定环境条件下,由威胁主体具有威胁性的具体技术事件引发的,破坏了技术威胁客体现有技术(体系)的垄断性、稳定性及发展的可持续性,使其现有技术(体系)失去竞争优势,技术的可持续发展受到阻碍的状态。从而,可以获知技术威胁可以表达为 Technology Threat = {TTRE,TTRS,TTRO,TTRI,TTRC},其中,TTRE 表示一定的环境条件,TTRS 表示技术威胁主体(技术威胁的制造者),TTRI 技术威胁事件(引发威胁的具体技术事件),TTRO 表示技术威胁客体(技术威胁的受害者),TTRC 表示技术威胁的出现使得 TTRO 面临的状态,如图 3 - 2 所示。

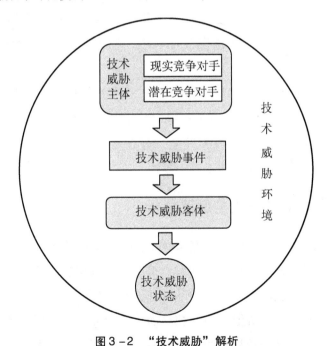

图 3 - 2 "技术威胁"解析

其中,环境(TTRE)是指企业所处的外部环境,主要包括宏观环境、中观环境和微观环境。宏观环境主要是指那些来自企业外部对企业发展战略产生影响的主要社会力量，包括政治（法律）、经济、社会文化及技术等宏观因素，例如政局的稳定性、社会技术总水平及变化趋势等。中观环境是指企业所面对的产业环境，企业所处的不同产业生命周期，将对企业产生不同的影响，例如产业技术更新的快慢、产业技术纠纷强度等。微观环境是针对单体企业而言，重点分析竞争对手、潜在竞争对手及用户的需求变化对企业的影响。

技术威胁主体（TTRS），即技术威胁的制造者。由于本项研究中所述的"技术威胁"指的是"技术的威胁"或者"技术引发的威胁"，因此，技术威胁主体（技术威胁的制造者）指的是具有利益需求和价值取向的具体人群。通过上述研究可知，技术威胁主体也是技术的主体，技术威胁主体为企业的现实竞争对手或潜在竞争对手。

技术威胁事件（TTRI），即引发威胁的具体技术事件，本项研究指的是"技术主体（TS）通过技术过程（TP）形成技术成果（TA）"。该"技术成果（TA）"将会对研究对象造成威胁，但由于技术威胁事件（TTRI）的形成是一个过程，因此对技术威胁可以进行及时地识别、预警和防范。

技术威胁的状态（TTRC），由于技术威胁的出现使得技术威胁客体（TTRO）现有技术失去竞争优势，技术的可持续发展受到阻碍，根据威胁对研究对象造成的损害程度，可以将技术威胁状态分为4个等级：轻微、中等、关注、严重。

3.3.2　技术威胁产生的原因分析

（1）技术的社会性和价值负载是技术威胁产生的根本原因

社会建构论指出，技术发展囿于特定的社会情境，技术活动由技术主体的利益、文化选择、价值取向和权利格局等社会因素所决定。其中，技术主体是具有价值取向和利益需求的具体人群，而与主体相关的技术活动存在着复杂的社会利益和价值冲突，因此，技术是社会利益和文化价值倾向所建构的产物，技术体现了更广泛的社会价值和技术主体的利益[107]。因此，技术本质明确地揭示了技术具有价值负载功能，即技术内在的独特价值取向与内化于技术中的社会文化价值取向及权利利益格局相互作用从而协调、整合的结果。由此可见，技术的本质决定了技术发展的同时，必然会在不同的技术主体之间产生威胁。

（2）技术发展不平衡是技术威胁产生的直接原因

由于技术发展的不平衡，拥有技术的强者对弱者往往构成威胁、威慑甚至危害。技术强者通过技术的优势不仅仅在市场占有率上处于决定性的位置，同时，采用技术标准、技术联盟等方式，严重威胁到技术弱者的生存与发展。随着技术在社会经济发展中重要性的日益加强，技术发展不平衡产生的影响愈发明显。技术作为现代经济十分重要的生产要素之一，较之于资本、劳动力、土地等其他生产要素，其分布更加不平衡[14]。其中，技术发展不平衡涵盖以下 3 种情况。

①技术差距。技术差距指不同的技术研发者在同一技术（体系）上相互之间的差距。企业间技术差距的衡量一般呈现两种结果：一种情况是企业之间技术水平在整体上存在差距，一个企业的各项技术水平相对另一个企业都有差距，表现出一种整体上的技术落差；另一种情况是企业之间的技术差距表现为核心技术分布不均匀，即不同企业分别掌握不同的核心技术。

②技术差异。企业间技术差异是指企业间技术知识的非重叠（或非冗余）程度。扩展到竞争层面，企业间的技术差异指的是企业间技术知识及应用这些技术知识所产生的产品、技术和服务的非重叠（或非冗余）程度。企业间的技术差异一般表现在两种情况：一种情况是实现同一功能但采用不同的技术系统；另一种情况是技术系统相同，但相应的技术法规、技术标准和兼容性等不同。

③技术研发不平衡。技术研发不平衡定位于企业未来的发展，其包含两个层面——技术研发实力差距和技术研发方向差异。其中，技术研发实力差距是指不同企业之间由于知识含量、技术研发人员的数量和质量、企业文化等的不同，不可避免地在技术研发水平实力上有所不同；技术研发方向差异是指企业未来技术战略定位而引发技术领域选择和技

术战略定位的区别。技术研发不平衡直接决定了企业在未来竞争中面临的技术威胁，因此，应该进行动态监测，对企业的研发状况进行实时追踪。

3.3.3 技术威胁类型

（1）技术差距威胁

技术差距威胁是指由于不同的技术研发者在同一技术（体系）上相互之间的差距而引发的技术水平高的企业对技术水平低的企业产生的威胁。技术差距威胁主要表现为两种形式：在知识经济时代，技术扮演着越来越重要的角色，技术强者采用各种方式获取利益，给技术弱者产生严重的技术威胁。综合起来主要有以下两种表现形式：①技术强者通过专利布局、专利丛林等方式提前占领市场，抬高市场准入门槛，从而控制市场、限制竞争对手。②技术强者通过知识产权诉讼等策略控制产品链的上游，从而摄取巨额利润，技术弱者只能从事产品的下游加工，获取微薄的利润[14]。

（2）技术差异威胁

技术差异威胁是指由于企业间技术知识及应用这些技术知识所产生的产品、技术和服务的非重叠程度而引发的威胁。假设同一技术系统中存在两种技术，两种技术相互竞争且互不兼容，当其中一种技术成为事实标准时，另一种技术就会被孤立，从而无法进入目标市场。例如，围绕下一代 DVD 标准之争，以索尼为首的支持蓝光光盘标准阵营和以东芝为首的 HD-DVD 阵营互不相让，每一方都获得了多家电子设备厂商的支持。2008 年 2 月，东芝公司正式宣布放弃 HD-DVD 标准，由索尼公司研发的蓝光标准正式胜出。由于当时我国自主研发的下一代标准是基于 HD-DVD 标准的，因此对我国许多企业未来产品的国际接轨产生了巨大的影响。

（3）技术研发威胁

不仅当前的技术不平衡可能给一个企业带来生存上的威胁，未来技术的发展也同样如此。技术研发可分为破坏性技术研发和延续性技术研发——与原有技术发展逻辑不同，超出原有技术路线，并且对原有技术有不可逆替代作用的技术称为破坏性技术，比如电灯替代蜡烛照明，对应的技术研发模式称为破坏性技术研发[111]；沿着原有技术轨道发展的技术称为延续性技术，其相应的技术研发模式称为延续性技术研发。与技术研发模式相对应，技术研发威胁表现为两种形式——破坏性技术研发威胁和延续性技术研发威胁。其中，对于延续性技术研发引发的威胁而言，由于此时市场已经基本定型，新产品、技术或服务的出现会引起市场的微调，因此形成的技术威胁相对较弱；而对于破坏性技术研发引发的威胁而言，由于此时市场是全新的，只要新技术对外部的技术环境兼容性好，适应性强，将会迅速占领市场，从而形成强劲的技术威胁。

（4）替代品的威胁

替代品是指功能或用途基本相同的不同种类的商品，在满足消费者需求时可相互替代，它们之间互称为替代品[112]。例如，数码相机对传统胶片相机的冲击，使得柯达等老牌胶片相机的巨头破产，随着智能手机的出现，数码相机逐步淡出人们的视野。科技的高速发展，替代品的出现有的是在同一技术领域，有的则是跨度相当的大。例如，网络功能对航空、铁路运输的冲击：通过 Netmeeting，职场人员可以召开视频会议而减少出差的频率，从而对航空、铁路的运输产生一定的影响[8]；再例如，网上商店对实体店铺的冲击：中关村 e 世界终于未能抵挡住网络卖场的冲击，关门停业。

3.3.4 技术威胁的特点

（1）破坏性

无论什么性质和规模的技术威胁，都会给威胁客体造成严重的破坏。破坏了威胁客体现有技术的垄断性、稳定性及发展的可持续性，使得威胁客体现有技术失去竞争优势。

（2）客观性

技术的本质表明技术活动由技术主体的利益、文化选择、价值取向和权利格局等社会因素所决定，技术体现了更广泛的社会价值和技术主体的利益，因此，技术威胁的存在是不以人的意志为转移的，是客观存在的，对待技术威胁不应是逃避，而应考虑如何有效应对。

（3）渐进性

技术的自身发展是一个量变到质变的过程，技术威胁的形成也不是一蹴而就的，而是由技术本身及技术环境中的不利因素的量变积累而渐进形成的。因此，只要日常对威胁客体所处的外部环境进行实时监测，对竞争对手的研发动向和技术战略予以密切关注，准确识别潜在竞争对手，及时捕获技术威胁的微信号，就能对技术威胁进行有效预警和防范。

（4）复杂性

由于现在技术发展日新月异，新兴技术层出不穷，技术替代经常是跨行业区域的，使得准确、及时地识别技术威胁具有复杂性，需要多维度进行分析。

4 高新技术企业技术威胁模型研究

高新技术企业是在国家重点支持的高新技术领域，持续进行研究、开发与技术成果转化，形成企业核心自主知识产权，并以此为基础开展生产经营活动的企业。目前，国家重点支持的高新技术有八大领域：电子信息技术、生物与新医药技术、航空航天技术、新材料技术、高技术服务业、新能源及节能技术、资源与环境技术、高新技术改造传统产业[81]。相对于一般或传统企业而言，高新技术企业建立在高新技术基础上，具有知识密集、技术密集的特征，持续性的技术创新是高新技术企业的内生特性。但由于高新技术的复杂性、创新性与高新技术企业的风险性呈同步增长趋势，决定了高新技术企业的高风险性。另外，现在技术的快速发展，多学科知识的融合，使得高新技术企业所涉及的技术不断向大型化、集约化、复杂化、多学科方向发展，使得高新技术企业面临的技术威胁越来越复杂、激烈。针对该问题，本部分研究面向高新技术企业构建了技术威胁三维模型，并对各个维度进行了深入探究。

4.1 理论研究框架

通过3.3.1节技术威胁概念的研究，获知技术威胁的重要影响因素为技术竞争环境、技术威胁制造者和技术威胁事件，如图4-1所示。

后续研究将重点对技术竞争环境、技术威胁制造者和技术威胁事件3个维度展开。其中，主要从宏观环境、产业环境和微观环境角度对技术竞争环境展开研究；重点对技术威胁制造者的定义、类型、属性及技

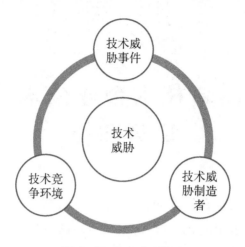

图 4 - 1　技术威胁模型

术战略进行分析；详细解析技术威胁事件的概念、类型、构成要素和表示模型。

4.2　技术竞争环境维度

通过技术威胁概念的研究可知技术威胁是由企业外部因素引起的，因此，本节重点对企业外部竞争环境展开研究，识别技术威胁的影响因素。

在当今知识经济时代，企业始终处于一个动态、复杂多变的外部竞争环境之中，企业的生存与发展很大程度上取决于它与变化着的外部竞争环境相适应的程度。因此，本节着力于从企业发展的技术相关层面，重点对企业外部环境进行分析，以识别企业技术威胁的影响因素。

根据对企业的影响程度和影响范围，本节将企业外部环境分为宏观环境、中观环境和微观环境 3 个层面，并分别探讨不同环境层面促进技术威胁产生的因素：①宏观环境是对企业生存与发展起到潜在或间接作用的外在社会环境，主要包括政治（法律）环境、技术环境、经济环境和社会文化环境；②中观环境主要是指企业所属的产业层面，根据产业生命周期的各个阶段对企业面临的技术威胁进行识别；③微观环境主要是针对单体企业而言，重点分析竞争对手、潜在竞争对手，以及用户的需求变化产生的技术威胁因素。技术威胁来源如图 4-2 所示。

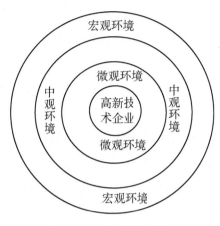

图 4-2　技术竞争环境

4.2.1　微观环境

微观环境下，单体企业的技术竞争优势主要受到竞争对手、用户需求变化两方面的影响。

（1）竞争对手

竞争对手主要分为直接竞争对手和潜在竞争对手，具体内容见 4.3.1 节。竞争对手引发的技术威胁主要分为两大类型：

①技术实力威胁。技术实力强的企业通过研发新技术、新产品，申报专利，构建技术标准及技术壁垒等手段提高市场准入门槛，用以控制市场、限制竞争对手，从而对技术实力弱的企业形成技术威胁。例如，日立、松下、三菱、东芝、JVC、时代华纳六大公司结成联盟（简称 6C 联盟），发表了关于"DVD 联合许可"的声明，要求全球所有从事 DVD 专利产品生产的厂商必须向 6C 联盟购买专利许可。在 6C 联盟的打压下，我国大批 DVD 本土企业面临困境，深圳宝安区 DVD 工厂从 140 多家锐减至 35 家[1]。

②技术差异威胁。同一技术系统中的多种技术，当其中一种成为市场上的事实标准时，与其相竞争的不兼容技术就会被孤立，进而很难进入目标市场。20 世纪 80 年代，索尼力推的录像机格式 BETA 标准不敌

JVC 推崇的 VHS 格式，索尼公司在损失大量专利费的同时还失去了市场的主导地位[14]。近几年来的新能源技术标准之争也是该类技术威胁的典型案例[113]。对于与这些事件相关的组织来说，技术差异直接威胁到其利益与安全。

③其他威胁。其他威胁既包含技术研发威胁，又包含替代品的威胁，都相对比较隐蔽，不易被识别。其中，技术研发威胁需要对直接竞争对手和潜在竞争对手进行长时间的监测、跟踪，从而发现其研发动向的发展变化情况；而对于替代品更多的是通过观测市场用户的需求，以用户需求为导向，来反向追踪替代品的生产者和制造者，从而识别其造成的技术威胁。

（2）用户的需求变化

著名管理学家彼得·德鲁克指出，企业不是由产品决定的，而是由用户决定的。用户的需求是企业整个活动的中心和出发点。高新技术企业作为技术、产品和服务的提供者，其最终目的是促成用户的购买并以此满足用户的特定需求，因此，要对用户的相对满意程度与利益进行分析，把用户需求（包括潜在需求）作为新技术、新产品研发的源头[114]。但是，全球经济一体化和技术的快速发展使得高新技术企业面临的外部竞争环境发生很大变化：产品竞争日益激烈，产品生命周期缩短，消费者需求呈现出多样性、个性化及可诱导性等趋势和特征。因此，如何将产品或技术的创新和用户需求有效匹配非常重要。如果在技术或产品研发过程中，不明确用户的需求，只选择自己擅长的技术进行产品开发，或者按照自己所理解的用户需求进行技术创新，则会导致产品无法满足用户需求，从而引发技术威胁。

例如，诺基亚始终以"科技以人为本"的理念作为研发宗旨，在产品设计时，诺基亚总是想方设法去了解用户需求，然后尽可能地满足他们。诺基亚自认非常了解用户，但为什么会输给苹果？很重要的一点是诺基亚引以为傲的大规模定制化生产模式已经不再适用于当前用户追求个性化的极致消费体验需求。诺基亚一味地推出一款又一款的手机，一个接一个的服务，用户对此却不买账。然而，苹果没有像诺基亚那样推出多种型号、款式、种类的手机及服务，看似没有细分用户需求，但是苹果手机划时代的设计产生的品牌效应及丰富的网络应用开拓了一片崭新的个性化世界，为用户带来全新的体验，从而使得诺基亚在面对苹果的技术创新时，是如此不堪一击[115]。

4.2.2　中观环境

中观环境即指企业所面对的产业环境。在分析产业环境中诱发企业技术威胁的相关因素时，本节主要从产业生命周期维度展开探讨。

市场经济实践表明，以一定的核心技术或工艺为基础形成的产业，从其产生、发展直至消亡都遵循一定的生命周期规律，企业生命周期的基本过程包括萌芽期、成长期、成熟期与调整期4个阶段。同时，为了更好地揭示诱发企业技术威胁的因素，结合产业生命周期的本质规律，本节将产业生命周期定义为以下几个阶段：萌芽期——自然垄断、成长期——全面竞争、成熟期——产业重组、调整期——升级优化、衰退期——产业转移。

（1）萌芽期——自然垄断

科学的新发现、市场的新需求及出于国家安全的战略考虑都将激发新兴产业技术的出现，或者是原有产业技术相互融合，从而促使新的高新技术产业的形成，进入产业萌芽期[116]。产业萌芽期是指新技术或新工艺从出现到成熟，形成生产能力进入市场，为目标消费者所认识和接受的时期。因此，在该阶段，高新技术企业面临的技术威胁主要是技术研发威胁。

（2）成长期——全面竞争

随着新技术的不断改进，产业技术日趋完善与成熟，产品质量日趋稳定，同时，市场不确定因素减少，市场需求逐步扩大并且迅速增长，技术和垄断优势逐渐丧失。该阶段的竞争主要演变为市场份额和成本之争，产业风险较大程度地释放，加上产业发展的需要，政府的扶持与鼓励，高额利润的吸引，许多企业进入该产业，促进产业迅速发展，并逐渐形成了一种类似"诸侯割据"纷争的竞争状态[116]。因此，在该阶段，高新技术企业面临的技术威胁主要是技术差距威胁和技术差异威胁。

（3）成熟期——产业重组

在该阶段，产业技术完全成熟，产品质量非常稳定，主导产业和上、中、下游产业链已经明确并成形，具有良好的产业支撑及配套条件，产业具有较强的经济实力和较高附加值的产出，市场需求的增长速度减缓，市场竞争主要表现为差异化、成本和规模之间的竞争。因此，在该阶段，高新技术企业面临的技术威胁主要是技术差距威胁和技术差异威胁。

（4）调整期——升级优化

高新技术产业生命周期不同于其他一般产业的生命周期，经过成熟期后，其不会很快转向衰退期，而是进入产业结构优化升级的调整期。在调整期内，通过不断地技术创新，力求实现产业发展新的高潮，该阶段对自主创新和知识资本的重视达到前所未有的程度。企业不断提高产品的科技含量，其中，一些企业向产业链上端移动，寻求优势地位；一些企业通过技术创新开辟新的技术领域，出现了新的产业萌芽，从而开拓了一个新产业。产业不断优化升级，产业发展重点在于产业"知量"——产业中的知识含量[117]。因此，在该阶段，企业面临的技术威胁主要是由于技术研发或出现替代品（新技术）而引发的威胁。

（5）衰退期——产业转移

科技的快速发展及产业成本的不断提高使得产业利润率大幅度下降，或者由于技术突破，出现了新的替代产业，市场需求不断地减少和萎缩，从而缩短了产业的生命周期，产业开始逐渐衰退。但是，由于在前期发展过程中，高新技术产业内部已经形成了巨额的金融资本、大量的有形或无形的知名品牌，以及丰富的、高素质的人才资源，随着产业的衰落，这些资源开始转移，在全球范围内进行重新配置。因此，在该阶段，企业面临的技术威胁主要是由于技术研发或出现替代品（新技术）而引发的威胁。

4.2.3 宏观环境

宏观环境是指那些来自企业外部，但对企业发展战略产生影响的主要社会力量，包括政治（法律）、技术、经济及社会文化等宏观因素。宏观环境是企业面临的最外层的环境，因此宏观环境对企业的影响相对间接。其中，与企业技术威胁相关的因素主要是政治环境和技术环境。

（1）政治环境

政治环境，狭义上指政治环境，广义上包括政治环境和法律环境，本书遵循其广义上的概念，即政治环境是指对企业的技术研发、生产经营活动具有影响的政治力量及相关的法律、法规等因素。其中，政治环境主要包括政府对外来企业的态度、政府设置的技术贸易壁垒等；法律环境包括政府制定的对企业技术研发、生产经营活动具有刚性约束力的法律、法规等，如税法、环境保护法、反不正当竞争法及外贸法规等[118]。政治环境是企业技术研发、生产经营过程中面临的最重要的外部环境，政治环境的变动对企业的发展带来不确定性，为技术威胁的产生提供机会。

（2）技术环境

技术环境主要探讨社会技术总水平、技术发展变化整体趋势及技术突破、技术变迁等对企业产生的影响，同时也包含技术与政治、经济、社会文化环境之间相互作用的表现等[119]。其中，技术环境不仅仅包括那些引起革命性变化的重大技术发明，还包括与企业生产、研发相关的新工艺、新技术、新材料的出现、应用前景及发展趋势。例如，新技术的出现能否降低产品与服务成本，同时提高产品与服务质量？能否为企业的技术研发、生产经营活动提供更多的创新产品与服务，例如智能手机、网上银行等？另外，技术环境不仅要考虑与企业所属产业技术领域直接相关的技术手段的发展变化，还应及时掌握国家对科技开发的支持和投资重点、技术商品化和技术转移速度及专利和其保护情况等。

4.3　技术威胁制造者维度

4.3.1　谁是技术威胁制造者

企业面临的技术威胁制造者通常是企业的竞争对手。竞争对手是指对企业发展可能造成威胁的任何企业。竞争对手可能通过争夺资源（人才资源、市场资源、技术资源等）、破坏竞争规则、改变产业方向等手段赢得利润，甚至阻碍企业的发展。依据竞争事实的形成与否，可以把竞争对手分成两类[120]：直接竞争对手与潜在竞争对手。

竞争对手是一个微观层次上的概念，指企业从自己的视角出发，去观察竞争环境中与其相似的竞争者，即提供那些与本企业采用相同或相类似的技术，提供相类似的产品或服务，并且所服务的目标顾客也相似的其他企业[121]。但在当今知识经济时代，技术多元化发展，上述竞争对手的概念更多地是指直接竞争对手，还有一类经常被忽略，即潜在竞争对手。潜在竞争对手是指暂时对企业不构成威胁但具有潜在威胁的竞争对手，或者已经对企业形成威胁之势，但企业尚未察觉的竞争对手。企业一般只关注直接竞争对手，而忽略了潜在竞争对手，潜在竞争对手造成的威胁不易被识别和预防，其对企业的发展会造成破坏性的威胁。但是，无论哪一类的竞争对手，都会通过资源竞争（技术资源、人才资源等）、破坏竞争规则、改变产业技术方向等手段争夺市场，影响甚至阻碍企业的发展。

直接竞争对手给高新技术企业带来的技术威胁最为直接，冲击力也最大，但是直接竞争对手容易识别，因为直接竞争对手一般是在技术研发水平、技术研发方向、市场定位上都相同或相似的企业，例如手机生产商苹果和三星。

潜在竞争对手不易识别，但通常来自以下几类企业：

①不在同一产业技术领域，但具有一定的技术水平，并且对本技术领域的用户需求状况、市场价格水平等都比较了解，能够轻易破除该技

术领域进入壁垒的企业。同时，如果进入本技术领域能显著提高企业产品销量，增强企业竞争优势，将增加企业进入本技术领域的可能性。该类企业通常为从事相似产品或互补产品技术研发的企业，例如，本田最初以生产自行车助力发动机起步，后来逐步发展为汽车生产商，再如，华为最初以生产程控交换机等通信设备起家，后来大规模进军手机市场，并取得了可喜业绩。

②技术战略延伸促使加入同一产业内的不同技术领域竞争的企业。例如，海尔、海信两大企业都力图成为我国家电业的领先企业，海尔主要从事白色家电的生产，如空调、电冰箱、洗衣机等，但后来开始进军黑色家电领域，如电视机、家庭影院等；而海信在加强彩电生产的同时，开始生产空调等白色家电。海尔和海信在中国家电市场上的竞争就不可避免。

③进入本产业技术领域会产生明显协同效应的企业。如果进入一个新的技术领域，通过整体性协调后，企业产生的整体功能将显著增强，即明显的协同效应，从而为企业带来竞争优势，则该企业进入本技术领域的可能性就很大。例如，浙江吉利控股集团有限公司（下文简称吉利汽车）并购澳大利亚 DSI 自动变速器公司——吉利汽车是一家以汽车及汽车零部件生产经营为主业的大型民营企业，澳大利亚 DSI 公司是全球第二大自动变速器公司，其产品以大排量为主，能够与吉利汽车的小排量形成互补，从而为吉利汽车摆脱价格战、重视技术与质量、走向国际化的转型升级战略提供支撑[122]。

④为了实现业务转型、加速企业发展并减少竞争对手、追求规模经济效益、扩大或垄断市场等原因而进行兼并或收购行为的企业。例如，惠普公司收购康柏公司。均为 IT 巨头的惠普、康柏选择合并，目的在于巩固产品提供商的地位，优化成本结构，力求在提供方案和服务上寻求突破，如果整合成功，合并后的新惠普将确立并维持在 PC、打印领域等业务上全球第一的位置[123]。

⑤前向或后向整合的供应商或制造商。例如，有制造商向供应商的后向整合，抑或从供应商向制造商的前向整合，引发其前向或后向整合

的原因大多是政策上的优惠，如国家采取按最终产品征税政策时，许多企业开始进行纵向兼并，从而增强企业的竞争力[124]。

⑥生产具有替代功能产品的不同产业领域的企业。该类型企业比较隐蔽，难以识别和发现。例如，随着网络技术的快速发展，航空公司的销售业绩受到很大程度的影响，以往需要商务出差解决的问题，通过Netmeeting 即可解决，从而对航空公司的发展产生影响[8]。

4.3.2　技术威胁制造者的类型

面对外部激烈的竞争环境，根据产生技术威胁强度的大小，将技术威胁制造者分为以下 4 类[120]。

（1）核心技术威胁制造者

核心技术威胁制造者是重点识别对象，它指的是在激烈的市场竞争环境中与本企业直接存在竞争关系的企业。他们与本企业有相近或相同的技术研发重点、技术研发团队及技术合作联盟，有着相似或相同的客户群体，向顾客提供的是相同的技术产品和技术服务，市场份额相似，竞争地位同等，以及技术实力、规模相近。核心技术威胁制造者与企业形成的竞争关系最为剧烈、持久、明显，同时，最具有决定意义。对于核心技术威胁制造者的监测、追踪直接关系到本企业的生死存亡，需要时时监控它的活动，把握它的动向。

（2）次要技术威胁制造者

次要技术威胁制造者有着和本企业相似的技术产品和技术服务，或者是技术实力、规模相近的同类企业，但是由于企业之间的技术发展战略和目标并不发生冲突，因此避免了直接、持续的竞争。例如，松下公司将下一代平板电视的发展重点放在等离子上，而夏普公司则聚焦于液晶上，从而并不形成直接的竞争。对于次要技术威胁制造者，需要密切关注其战略规划，一旦其战略规划发生改变，则次要技术威胁制造者往往会转变为核心技术威胁制造者。因此，次要技术威胁制造者所产生的威胁仅次于核心技术威胁制造者，但是高于外围技术威胁制造者。

（3）外围技术威胁制造者

外围技术威胁制造者指的是在技术服务和产品上有相似之处，有可能对本企业构成技术威胁的企业，它们也是以技术服务和产品上的交集作为基础，它们与本企业生产的产品和技术服务并不相同，可能有功能相似之处，即相交而非重叠。例如，IPAD 和笔记本电脑——IPAD 和笔记本电脑是不同产品，但是由于它们向顾客提供的服务有相似的地方，如可以阅读文件、看电影等，所以在某种程度下会发生竞争，这类的竞争对手即为外围技术威胁制造者。

（4）潜在技术威胁制造者

这个类型的技术威胁制造者往往比较隐蔽，难以直接识别，需要通过产业经济分析才能判别。这类企业的产品一般与本企业不同，提供的是相异的服务，只是由于经济学上的某种联系，才产生竞争。这种竞争的产生，有的是因为客户群体相似，有的是因为产业的协同效应，总之，很多原因都会导致产生潜在技术威胁制造者。

4.3.3　技术威胁制造者个体信息

对技术威胁制造者个体信息的分析，有助于对技术威胁制造者的特点进行更为详细的掌握，从而对技术威胁制造者将会引发的技术威胁强度做出预判。其中，技术威胁制造者的个体信息主要包括以下几点。

（1）技术威胁制造者所处行业

技术威胁制造者所处的行业，决定了技术威胁制造者参与竞争的性质和方式。有的行业是新兴行业，例如，电动汽车行业，在这个行业中，技术研发成为技术威胁的主要来源；有的行业属于成熟行业，市场布局相对稳定，此时，更多的是技术差异的威胁。行业的性质决定了技术威胁制造者在行业竞争中采取的技术竞争策略，也决定了技术威胁制造者竞争的动机。

（2）技术威胁制造者规模

技术威胁制造者规模在一定程度上反映了技术威胁制造者在行业中所处的地位，例如，人们常常关注的是行业"500 大"企业，而非行业

"500 强"企业，那是因为规模庞大的企业群决定了行业未来发展的趋势。正因为如此，技术威胁制造者的规模直接决定了对企业形成的技术威胁的强度。

（3）技术威胁制造者的技术战略

技术威胁制造者的技术战略很大程度上决定了企业能否持续保持其自身的竞争优势，技术战略历来被视为企业的战略核心。在分析技术威胁制造者的技术战略时，应重点关注：①技术威胁制造者的技术能力水平和技术资源状况，代表了技术威胁制造者参与市场竞争，对其他企业构成技术威胁的技术基础力量；②技术研发投入强度，代表了企业对技术的重视程度，决定了企业对自身未来发展的定位；③技术选择模式，代表了对未来进行研发核心技术及研发核心技术所采取的方式进行识别和选择，核心技术的选择明确了企业未来的技术走向，研发模式的选择决定了未来研发合作关系。

（4）技术威胁制造者提供的产品和服务

"市场竞争最直接的竞争就是产品和服务的竞争"。不同企业提供的产品和服务的关系，直接决定了企业之间的关系。不同企业提供的产品和服务如果是协同互补，则企业之间将会成为合作伙伴，例如，三星携手中国电信共同推出新一代年度高端商务旗舰手机——"心系天下" W2015；相反，如果提供的产品或服务功能相似，则会产生激烈竞争，例如，对于苹果公司推出的 iPhone 5S，三星精心准备了骁龙 800 版 Galaxy Note 3、Galaxy S4 及搭载新八核处理器 Exynos 5420 的 Galaxy Note 3，目标只有一个，就是"围剿"同月发布的新一代 iPhone 5S。

4.4 技术威胁事件维度

4.4.1 "事件"的定义和表示

（1）"事件"的定义

"事件"的定义是一个比较复杂的问题，目前还没有形成统一的认知。国内外相关学者分别从哲学、语言学、认知科学、知识表示、信息及本体研究等领域对"事件"进行诠释。以下是从不同角度给出的"事件"的定义：

①认知科学的研究学者主要从大脑记忆原理和事件结构方面对"事件"展开研究。Zacks JM 等（2001）[125]指出"事件"是被旁观者观察到的对现实世界产生的行为，可以通过事件的时空结构来解释事件。②语言学的研究学者从语言学角度给出了"事件"的结构。Chung S 等（1985）[126]认为"事件"由三部分组成：谓词、事件框架（即谓词发生的时间段）及事件界（即谓词发生的条件或者情况）。Tenny C L 等（2000）[127]着眼于语义理解的角度，围绕动词及其属性对"事件"进行定义。Chang Junghsin（2003）[128]将语言学中的 SVO（Subject-Verb-Object）结构与事件结构相对应，对"事件"的定义进行探讨。语言学家在考虑动词的同时，对动词的结构信息高度关注，通过谓词分解和动词具体化的方式来解释语句，提取语句中的事件。③在知识表示领域，相关研究学者主要关注"事件"的动态性，应用动态知识表示方法对事件进行描述，并重点对事件的结构、表示及事件的推理进行研究。④在信息领域，"事件"被理解为是细化了的用于检索的主题。⑤在本体研究领域，"事件"被定义为在特定时间和环境下发生的，由若干角色参与并表现出若干动作特征的一件事情[129]。

针对本研究的研究内容，我们遵循本体研究领域研究学者对"事件"进行的定义。

（2）"事件"的表示

由于"事件（Event，简称 E）"是指在特定时间和环境下发生的，由若干角色参与并表现出若干动作特征的一件事情。因此，从形式上，"事件"可定义为一个六元组：E = <A, O, T, V, R, L>。"事件"六元组中的相关元素被称为事件要素，分别为：

A（动作）：事件的发展变化过程及特征，是对工具、方式、方法等的描述。

O（对象）：指事件的参与对象，对象可分别是动作的施动者（主体）和受动者（客体）。其中，对象包括参与事件的所有角色。

T（时间）：事件发生的时间段，从事件发生到事件结束，分为绝对时间段和相对时间段两类[130]。

V（环境）：事件发生的外部环境及其特征等，例如微观环境、中观环境及宏观环境等。

R（结果）：事件发生后所导致的结果及产生的影响，特别是对事件对象带来的影响。

L（语言表现）：事件的语言表现规律，例如核心词集合等。核心词为描述事件的文档中常用的标志性词汇。

4.4.2　技术威胁事件的定义和类型

（1）技术威胁事件的定义

通过上述研究可知，"技术威胁事件"指的是在特定的时间、环境下发生的，由现实竞争对手或者潜在竞争对手参与，表现出若干与技术相关动作特征的一件事情，该事情的发生将会破坏企业原有技术的稳定性、垄断性及发展可持续性，导致企业原有技术失去竞争优势。

（2）技术威胁事件的类型

通过3.3.3节对技术威胁类型的研究，获知引发企业技术威胁的类型主要为技术差距威胁、技术差异威胁和技术研发威胁，表现形式分别为：①进行专利布局、构建专利池；②知识产权诉讼等，技术标准的争夺等；③渐进性技术创新研发威胁和根本性技术创新研发威胁。因此可知引发技术威胁的事件主要分为3类：①专利申请事件，通过专利申请的趋势，可以获知企业的专利布局和专利池构建情况，以及技术标准的设置状况，可以预判技术威胁的情况；②技术诉讼事件，通过对技术诉讼事件的追踪，可以明晰正在发生的技术威胁的情况；③技术研发事件，无论是渐进性创新还是根本性创新，都是推出新技术、新产品或者新服务，通过对这些事件的追踪，能有效识别技术威胁。

4.4.3　技术威胁事件的构成要素

形式上，技术威胁事件可表示为TRE，定义为一个六元组：TRE =

< TREA，TREO，TRET，TREV，TREP，TREL > ，其中，技术威胁事件六元组中的元素被称为技术威胁事件要素，分别为：

TREA（技术威胁事件动作）：技术威胁事件的发展变化过程及特征，是对工具、方式、方法等的描述。例如，发布新产品、推出新技术等。

TREO（技术威胁事件对象）：指引发技术威胁事件的参与对象——技术威胁主体和技术威胁客体。针对技术诉讼事件，技术威胁主体为竞争对手或者潜在竞争对手，技术威胁客体为所研究企业；针对专利申请事件和技术研发事件，技术威胁主体为竞争对手或者潜在竞争对手，技术威胁客体是受到技术威胁事件所产生的研发成果冲击的企业。

TRET（技术威胁事件时间）：指技术威胁事件发生的时间段，从事件发生到事件结束的整个过程。对比技术威胁事件发生时间内，技术威胁事件与企业活动轨迹之间的相关性，深层次挖掘技术威胁事件对企业的作用和影响。

TREV（技术威胁事件环境）：技术威胁事件发生的外部环境，例如宏观环境（政治环境、技术环境）、中观环境（产业生命周期、产业内部竞争环境）和微观环境（竞争对手、潜在竞争对手和替代品）。

TREP（技术威胁事件结果）：技术威胁事件发生后所导致的结果及产生的影响，特别是对技术威胁事件的受动者带来的影响。例如，技术威胁事件产生后，受到技术威胁的企业会破产。

TREL（技术威胁事件语言表现）：技术威胁事件的语言表现规律，例如核心词集合等。本项研究具体是指技术威胁事件的相关文档中描述语言常用的标志性词汇，例如指控、诉讼、侵权、推出、发布、研发等。

5　专利文献的技术术语抽取

专利文献是科技信息的载体，集中体现了科学技术的发展水平，有效利用专利可以提高国家和企业的发展速度[131]。但是专利文献晦涩、难懂，如果通过逐篇阅读技术领域内大量的专利文献来掌握领域技术的发展趋势、技术热点，需要耗费大量的时间和人力资源。然而，如果通过获取技术领域的技术术语，并结合文本挖掘技术，则能快速、系统、全面地对专利文献进行分析，获取产业领域技术发展动态。因此，如何获取技术领域的技术术语一度为人们所关注。

"术语"是指语言中描述专业领域知识系统的词汇单位，蕴含丰富的专业领域知识[132]。"术语"集中体现并负载了一个技术领域的核心知识，"术语"的变化一定程度上反映了一个技术领域的发展变化情况[133]。然而，专利文献记录了人类科学技术的发展过程，各个国家、各个时期的新发明、新技术、新工艺和新设备大都在专利文献中有所呈现，专利作为世界上最大的技术信息源，涵盖了世界科学技术信息的90%～95%[92]。因此，将专利文献作为信息源，展开技术术语抽取研究越来越受到国内外学者的重视。

本项研究以专利文献作为研究对象，提出了基于领域 C-value 和信息熵相结合的技术术语抽取方法，从而有效识别行业领域的技术术语，提高了术语抽取的准确性和快速性。

5.1　术语及专利术语

5.1.1　术语构成基本原理

术语是特定领域中概念的语言表示，它可以是字、词语，也可以是字母或者数码符号。根据术语的构成方式，术语可以分为简单术语和复杂术语[134]。其中，简单术语指的是仅由一个单词构成的术语，例如，"通信（communication）"、"信息（information）"等，简单术语不能再被分解为更小的具有独立含义的单元。复杂术语则是指由两个或更多单词或语素根据一定语法或语义结构构成的术语，例如，"通信设备（communication apparatus）"、"信息系统（information system）"、"变频异步电机（variable frequency induction motor）"等。复杂术语可以被分解为更小的具有独立含义的单元，例如，"通信设备（communication apparatus）"是由"通信（communication）"和"设备（apparatus）"组成。

5.1.2 专利术语特点

专利文献是科技类文献，依托专利文献获取的术语具有科技术语的一般特性，总结归纳起来大致如下[135]：

①存在中心词。不同技术领域中存在着各领域频繁出现的少数基本术语，则该领域中，会有大量的复合术语是由基本术语组成的名词性结构或者谓词结构形成的。例如，在密码领域，常出现的术语为"密钥"，则会以"密钥"作为中心词，构成名词性结构，如"会话密钥"、"主密钥"等；或者谓词结构，如"密钥管理"、"密钥更新"等，从而形成大量的复合术语，在该技术领域，"密钥"即为中心词。

②术语间存在嵌套关系。有些复杂术语由简单术语迭代组合而成，术语之间存在嵌套关系，例如，"非对称密码算法"与"对称密码算法"、"密码算法"、"算法"之间存在嵌套关系。

③符号构成连接结构。通过符号（如"/"、"–"、"."、"_"等）连接形成术语，如"MH/NI 电池"、"D–H 密钥交换协议"等。

④中英文组合术语。由"舶来词"构成技术术语，从而发现许多术语由中英文共同组成，如"Kerberos 密钥交换协议"、"AES 算法"等。

⑤术语长度差别较大。既存在长度为 2、3 的术语，如"电池"、"电动机"等，又存在许多长度大于 6 甚至大于 10 的术语，如"反应

式步进电机"、"管式固体氧化物燃料电池"等。

⑥领域分布的不均性。因为不同技术领域描述的技术内容差别巨大，术语会出现领域选择性，即术语在某一技术领域频繁出现，而在其他技术领域很少出现。

专利既可以是一种产品，又可以是一种生产方法，还可以是解决某个问题的一个技术方案[136]。专利术语除了具备一般科技术语特点外，因为专利文献自身的功能及特性，决定了专利术语有其自身的独特性，归纳分析大致如下：

①专利术语绝大多数是表示物件、部件、零件等客观存在的具体实体的词语，在该类术语中，必须包含名词，且该名词为术语中心词，如螺旋/n 分/v 料/n 装置/n、绝缘/v 贴片/n 等。

②专利中存在少量表示工艺、方法等抽象词语构成的术语，一般为动词，也有少量名词，如"焊接"、"铸造"等。

③字数较多的术语，一般为该篇专利文献的主要描述对象。通常该类术语代表最新技术前沿，也可能为自造词，需要重点关注，如"电控汽油喷射发动机"、"插电式串联混合动力汽车"等。

5.2 术语抽取模型的构建

5.2.1 术语抽取框架

针对专利文献特点，本研究构建的专利术语抽取框架如图 5-1 所示。

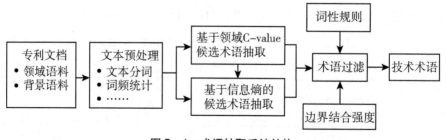

图 5-1 术语抽取系统结构

该术语抽取系统主要由文本预处理模块、基于领域 C-value 和信息熵的候选术语抽取模块及术语过滤模块 3 部分组成。

5.2.2　基于领域 C-value 和信息熵的技术术语抽取

（1）领域 C-value（简写为 SC-value）

C-value 方法是一种结合语言学规则和统计学理论的混合术语抽取方法，以词语 C-value 值的高低来识别术语[137]。C-value 值计算公式[138]为：

$$C\text{-}value(s) = \begin{cases} \log_2|s| \times f(s), & s\text{ 未被嵌套} \\ \log_2|s| \times \left(f(s) - \dfrac{1}{c(s)}\displaystyle\sum_{i=1}^{c(s)} f(b_i)\right), & s\text{ 被嵌套} \end{cases}$$

式中：s 表示候选术语；$|s|$ 指候选术语 s 的长度，其值为 s 的字数；$f(s)$ 为 s 的词频；b_i 表示嵌套 s 的候选术语；$c(s)$ 则为嵌套 s 的候选术语的数量。

但是，技术术语具有领域相关性，领域术语在某领域文本中大量出现或只在该领域中出现，而在其他领域很少出现甚至不出现[139]。因此，本研究对 C-value 方法进行优化，引入背景语料，使语料库由领域语料库和背景语料库两部分组成。在此基础上，计算技术术语领域词频分布率和领域 C-value 值的概念，并以此为依据初步抽取候选术语。

①技术术语领域词频分布率

$$df(s) = \frac{sf(s)}{bf(s)} \times 100\%$$

式中：s 表示候选术语，$sf(s)$ 表示 s 在领域语料库中出现的频率，$bf(s)$ 表示 s 在背景语料库中出现的频率，$df(s)$ 为 s 的领域词频分布率。

② SC-value

$$SC\text{-}value = \begin{cases} \log_2|s| \times \lg sf(s) \times \dfrac{sf(s)}{bf(s) + sf(s)} \times 100\%, & s\text{ 未被嵌套} \\ \log_2|s| \times \dfrac{sf(s) - \dfrac{1}{sc(s)}\displaystyle\sum_{i=1}^{sc(s)} sf(b_i)}{bf(s) + sf(s)} \times \lg sf(s), & s\text{ 被嵌套} \end{cases}$$

式中：s 是候选术语，$|s|$ 为 s 的长度，$sf(s)$ 表示 s 在领域语料库中出现的频率，b_i 表示被抽取的嵌套 s 的候选术语，$sc(s)$ 表示领域语料库中嵌套 s 的候选术语数量，$bf(s)$ 表示 s 在背景语料库中出现的频率。$\lg sf(s)$ 是高频加权系数，表示在同等比值下，领域语料库中出现次数更多的候选术语加权更高[140]。

通过 SC-value 的设定，有效地提高了领域低频词的抽取准确率和抽取性能，但其也和 C-value 方法一样，均没有考虑候选术语的单元性。针对该问题，研究后续引入信息熵的方法，从而确保术语获取的完整性。

（2）信息熵方法

信息论中的信息熵表示单个随机变量的不确定性。随机变量越不确定，其熵值越大。当信息熵用于术语抽取时，主要用于计算字符串的边界不确定性。字符串的边界越不确定，信息熵越高，则越可能是一个完整的词[141]。

本节通过计算字符串的左、右信息熵来衡量字符串左右边界的不确定性。例如，在"本发明提供一种转矩传感器以及动力转向装置。在具有一对解算器的转矩传感器中，能够将上述两解算器的特性用作转矩传感器。"中，"转矩传感器"一共出现了 3 次，它的左邻接字先后是"种"、"的"和"作"，右邻接字先后是"以"、"中"和"。"。在整个语料中，字符串"转矩传感器"一共出现 27 次，不同的左邻接字共15 个，右邻接字共 19 个，可见"转矩传感器"的左右邻接字都很不固定，因此，可以推断"转矩传感器"极有可能是一个完整的词，甚至可能是汽车术语。而在考察"转矩传感"是否完整时发现，"转矩传感"在整个语料中出现了 29 次，其不同的左邻接字有 19 个，右邻接字只有 2 个，则"转矩传感"不适合作为一个完整的词。

其中，左、右信息熵的公式为：

$$LE(s) = -\sum_{l \in L} p(ls|s) \log_2 p(ls|s)$$

$$RE(s) = -\sum_{r \in R} p(sr|s) \log_2 p(sr|s)$$

式中：s 是候选字符串，l 是 s 的左邻接字，ls 是 l 和 s 组成的字符串，$p(ls|s)$ 表示在 s 出现的情况下，l 为 s 左邻接字的条件概率。r 是 s 的右邻接字，sr 是 s 和 r 组成的字符串，$p(sr|s)$ 表示在 s 出现的情况下，r 为 s 右邻接字的条件概率。$LE(s)$ 和 $RE(s)$ 分别表示字符串 s 的左信息熵和右信息熵。$LE(s)$、$RE(s)$ 越小，代表 s 的左右邻接字越固定，则 s 独立成词的可能性越小。为了综合评价 s 独立成词的可能性，给左、右信息熵设定相同阈值，用以过滤不能独立成词的候选字符串 s。阈值设定为：

$$RE(s) \geqslant E_{\min} \text{ 且 } LE(s) \geqslant E_{\min}$$

式中：$E_{\min}$ 为人工设定的阈值[141]。

5.2.3　术语过滤

为了更加全面、有效地抽取术语，通过大量语料分析，设定术语过滤规则和方法，主要包括词性规则和边界判定算法，所采用的规则和算法说明如下。

词性规则主要有：

①不包含处所词、状态词、叹词、代词；

②不能以连词、助词、后缀开头；

③不能以方位词、助词、连词、前缀结尾；

④必须含有名词、动词成分；

⑤形容词、副词不能单独成词；

⑥对符号（如"–"，"."，"_"，"/"等）进行重点筛选；

⑦对含有英文组合标识进行重点筛选；

⑧术语长度小于15。

尽管应用了信息熵，但有些候选术语还是不能独立成词。因此，设定边界判定算法进一步过滤候选术语，边界判定算法如下[141]：

①语料经过停用词分割后的字符串集为 A；

②遍历字符串集 A，找出包含候选术语 s 的所有字符串 B；

③对 B 中每一个字符串分词；

④$ld = 0$，$rd = 0$，遍历每一个分词后的字符串 $a_1 a_2 a_3 \cdots a_n$，其中 $s = a_1 \cdots a_j$，计算 $a_{i-1} a_i$ 的互信息值 $MI(a_{i-1} a_i)$，计算 $a_i a_{i+1}$ 的互信息值 $MI(a_i a_{i+1})$。若 $MI(a_{i-1} a_i) < MI(a_i a_{i+1})$，则 $ld + = 1$，反之，$ld - = 1$。同理，若 $MI(a_j a_{j+1}) < MI(a_{j-1} a_j)$，则 $rd + = 1$，反之，$rd - = 1$；

⑤过滤 $ld < 0$、$rd < 0$ 的候选字符串。

5.3 实证研究

5.3.1 语料选取

本项研究应用上海知识产权局对外免费开放的上海知识产权（专利信息）公共服务平台（http://www.shanghaiip.cn/Search/login.do）作为专利检索数据库，分别应用名称（Title）、摘要（Abstract）及国际专利分类号（IPC）等字段，综合检索、筛选信息通信领域和电动汽车领域相关专利用作领域语料库和背景语料库，分别获取中文发明专利各3万条，共计6万条，构建语料库。

5.3.2 运行结果

本项研究应用 C#语言为开发语言，结合 Visual Studio 2010 开发平台和 SQL Server 2008 数据库，研发基于专利文献的技术术语抽取工具，工具界面如图 5 - 2 和图 5 - 3 所示。

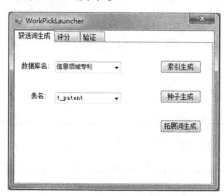

图 5 - 2　术语抽取工具界面 I

图 5 - 3　术语抽取工具界面 II

应用该抽取工具，使用领域 C-value 和信息熵的算法，进行术语抽取，结果如图 5 - 4（Excel 表截图）所示。

	A	B	C	D	E	F	G	H	I
1	词ID	词语	词性构成	拓展次数	拓展方式	种子词ID	是否为术语	内部互信息值	
5	197	多媒体子系统	n+n	1	多媒体+子系统	9	Y	5.3923	
6	204	光突发交换	d+vi+v	2	光+突发+交换	13	Y	2.8074	
7	206	光路交换	d+n+v	2	光+路+交换	13	Y	2.8074	
8	208	光分组交换	d+vd+v	2	光+分组+交换	13	Y	2.8074	
9	218	适应调制	v+vn	1	适应+调制	23	Y	4.3923	
10	222	偏振模色散补偿	d+vg+ng+n+vn	4	偏振+模+色散+补偿	24	Y	4.8074	
11	224	链路	ng+n	1	链+路	26	Y	4.3923	
12	226	媒体接入控制	n+vn+vn	2	媒体+接入+控制	27	Y	4.3923	
13	228	媒质接入控制	n+vn+vn	2	媒质+接入+控制	28	Y	4.3923	
14	234	突发光发射	d+vi+v	2	突+发光+发射	31	Y	4.3923	
15	235	突发光接收	d+vi+v	2	突+发光+接收	31	Y	4.3923	
16	238	无线资源调度	b+n+vn	2	无线+资源+调度	33	Y	4.3923	
17	239	无线资源管理	b+n+vn	2	无线+资源+管理	33	Y	4.3923	
18	247	正交频分复用	d+v+ag+v+vn	4	正+交+频+分+复用	38	Y	5.0704	
19	250	重构分插复用	v+v+v+vn	3	重构+分+插+复用	39	Y	4.9773	
20	255	自动交换光网络	d+v+v+n	3	自动+交换+光+网络	42	Y	5.3923	
21	188	多用户	m+n	1	多+用户	1	N	4.3923	
22	190	多粒度	m+n	1	多+粒度	1	N	4.3923	
23	191	多粒度光	m+n+d	2	多粒度+光	1	N	3.3923	
24	194	插复用	v+vn	1	插+复用	5	N	4.3923	

图 5 - 4　术语抽取结果

5.3.3　结果分析

本项研究在计算字符串之间的结合强度时，都是在字符串对应的单篇文献中的基础之上进行计算。因此，本项研究提出平均准确率和平均召回率评价指标。

平均准确率是指在所有统计的文献中，所有正确识别的术语数之和与所有识别数之和的比，即：

$$APR = \frac{\sum\limits_{i=1}^{i=k} Nri}{\sum\limits_{i=1}^{i=k} Nti} \times 100\%$$

平均召回率是指在所有统计的文献中，正确识别术语数之和与统计文献中术语数之和的比，即：

$$ARR = \frac{\sum\limits_{i=1}^{i=k} Nri}{\sum\limits_{i=1}^{i=k} Nai} \times 100\%$$

本项研究分别应用前文提出的领域 C-value 和信息熵的候选术语抽取算法，对已经获取的3万条通信领域中文专利文档的摘要部分进行处理，抽取技术术语，根据抽取结果计算其平均准确率和平均召回率。同时，分别应用常用的似然估计法和互信息方法进行处理，并将结果予以对比识别，分析结果如表5-1所示。

表 5 -1　结果分析

领域 C-value 和信息熵的术语抽取算法		似然估计法		互信息方法	
APR	ARR	APR	ARR	APR	ARR
82.79%	85.51%	78.16%	81.32%	80.27%	79.30%

由此可以看出，基于领域 C-value 和信息熵的术语抽取算法的平均准确率和平均召回率分别为 82.79% 和 85.51%，还都明显优于似然估计法和互信息方法，从而验证了该算法应用于专利文献技术术语抽取的有效性。

6 基于专利分析的高新技术企业技术威胁识别研究

通过对高新技术企业特点进行分析，获知技术创新和知识产权在其发展过程中占据重要地位，与其发展息息相关。同时，也发现高新技术企业发展过程中具有高风险，特别是技术风险始终贯穿其整个发展过程，因此，高新技术企业对其发展过程中面临的技术威胁极为重视。针对以上特点，本项研究应用知识产权中的重要部分——专利文献，应用术语抽取、文本挖掘等智能分析方法对高新技术企业面临的技术威胁展开识别研究。

6.1 专利数据获取

6.1.1 数据源选取

本项研究选择上海知识产权局免费开放的上海知识产权（专利信息）公共服务平台（http://www.shanghaiip.cn/Search/login.do）作为国内专利数据检索数据库；选用 Derwent 专利信息管理平台检索美国、德国、日本、韩国、英国和法国等外国专利。

6.1.2 专利检索策略

在上海知识产权局对外免费开放的上海知识产权（专利信息）公共服务平台和 Derwent 专利信息管理平台上，主要应用第 5 章获取的专利术语作为检索词，对名称（Title）、摘要（Abstract）字段进行检索，同时结合国际专利分类号（IPC）字段，综合检索、筛选信息通信领域相关专利。其中，中英文关键词如表 6－1 和表 6－2 所示。

表 6－1　信息通信领域中文检索式

方向	子方向	中文关键词
无线移动通信技术	研究方向一	（无线 OR 移动 OR 自适应 OR 正交频分复用 OR 多输入多输出）AND（信道编码 OR 调制解调 OR 多用户检测 OR 链路自适应 OR 自适应调制 OR 智能无线 OR 多址技术 OR 射频）
	研究方向二	（无线 OR 移动）AND（媒体接入控制 OR 无线资源管理 OR 无线资源调度 OR 软件无线电 OR 端到端重构 OR 网络结构 OR 协同无线电 OR 信道建模 OR 感知无线电）
光通信	研究方向一	（光传输 OR 波分复用 OR 光通信 OR 光通讯）AND（传输光纤 OR 调制编码 OR 通信光放大 OR 色散补偿 OR 偏振模色散补偿 OR 色散管理 OR 相干接收 OR 平衡接收 OR 电均衡 OR 增益均衡 OR 前向纠错编码）
	研究方向二	（光接入 OR 光网络 OR 光通信 OR 光通讯）AND（突发光发射 OR 突发光接收 OR 媒质接入控制 OR 带宽分配 OR 安全认证 OR 测距 OR 保护 OR 恢复）
	研究方向三	（光交换 OR 光突发交换 OR 光通信 OR 光通讯 OR 组播）AND（光开关 OR 光路交换 OR 光分组交换 OR 光交换矩阵 OR 分插复用 OR 可重构分插复用 OR 多粒度光交换 OR 调度 OR 冲突竞争 OR 可调谐）
	研究方向四	（光联网 OR 光网络 OR 光通信 OR 光通讯）AND（控制平面 OR 保护 OR 恢复 OR 多协议标签交换 OR 路由 OR 信令 OR GMPLS OR 光互连 OR 冲突竞争 OR 分层 OR 跨域 OR 网络用户接口 OR 网络接口 OR 接口）
新一代网络信息技术	研究方向一	（下一代互联网 OR 软交换 OR 自动交换光网络）AND（IP 多媒体子系统 OR 服务质量 OR 安全 OR 用户接入 OR 认证 OR 控制 OR 资源 OR 体系架构 OR 网络融合 OR 业务融合 OR 终端融合 OR 互通 OR SIP OR 演进 OR 多业务平台）
	研究方向二	（下一代互联网 OR IPv6 OR 路由器）AND（安全 OR 服务器 OR 业务感知 OR 多媒体应用 OR 可管理 OR 可控制 OR 体系架构 OR 网络测量 OR 双栈 OR 边解码 OR 组播 OR P2P）

表6-2 信息通信领域英文检索式

	子方向	英文检索词
无线移动通信技术	研究方向一	(wireless OR mobile OR adaptive OR OFDM OR MIMO) AND (channel coding OR channel decoding OR modulation/demodulation OR multiple users detection OR link adaptation OR adaptive modulation OR smart antennal OR RF)
	研究方向二	(wireless OR mobile) AND (MAC OR RRM OR radio resource scheduling OR SDR OR E2R OR network architecture OR cooperative radio OR channel modeling OR cognitive Radio)
光通信	研究方向一	(optical transmission OR WDM OR optical communication OR fibre communication) AND (transmission fiber OR modulation format OR broad band optical amplification OR dispersion compensation OR polarization mode dispersion compensation OR dispersion management OR coherent detection OR balance detection OR electrical equalization OR gain equalization OR forward error correction)
	研究方向二	(optical access OR optical network OR optical communication) AND (burst mode transmitter OR burst mode receiver OR media access control OR bandwidth allocation OR security authentication OR ranging OR protection OR restoration)
	研究方向三	(optical switching OR optical burst switching OR optical communication OR multicast) AND (optical switches OR optical circuit switching OR optical packet switching OR optical switching fabric OR optical add/drop multiplexing OR reconfigurable OADM OR multi-granularity optical switching OR scheduling OR contention resolution OR tunable)
	研究方向四	(optical networking OR optical network OR optical communication) AND (control plane OR protection OR restoration OR multiple protocol label switching OR routing OR signaling OR GMPLS OR optical interconnect OR contention resolution OR layering OR cross-domain OR UNI OR NNI OR interface)
新一代网络信息技术	研究方向一	(NGN OR soft switching OR ASON) AND (IMS OR QoS OR security OR user access OR authentication OR control OR resource OR architecture OR network convergence OR service convergence OR terminal convergence OR internetworking OR transit OR SIP OR MSIP)
	研究方向二	(NGI OR IPv6 OR router) AND (security OR server OR service aware OR multimedia application OR manageable OR controllable OR architecture OR network measurement OR dual-stock OR codec OR multicast OR P2P)

另外，为弥补检索缺失，补充应用 IPC 字段完善检索结果。其中，IPC 检索应用的 IPC 字段参照 2005 年 OECD 有关信息通信领域的专利划分标准、《国际专利分类表》（IPC）第 7 版，以及其他相关文献的信息通信技术分类。本项研究选择了 34 个领域（领域细分到 IPC 三位）作为研究范围。另外，由于《国际专利分类表》中 G06 各子领域均隶属于信息技术领域，故选取其 IPC 二位作为检索对象，如表 6 – 3 所示[142]。

表 6 –3　信息通信领域专利 IPC 号段表

技术领域		IPC 代码
信息通信领域	电子通信	G01S、　G08C、　H0lP、　H01Q、　H01S、　H03B、　H03C、H03D、　H03H、　H03M、　H04B、　H04J、　H04K、　H04L、H04M、H04Q
	消费电子	GllB、H03F、H03G、H03J、H04H、H04N、H04R、H04S
	计算机与办公设备	B07C、B41J、B41K、G05F、G06、G09G、G10L、GllC、H03K、H03IL

6.1.3　专利检索结果

采用以上检索策略，经过上海知识产权（专利信息）公共服务平台和 Derwent 专利信息管理平台的检索，同时剔除重复专利、同族专利、弱相关专利等，最终得到中文发明专利 31 257 件，英文发明专利 32 951 件。

6.2　行业技术发展趋势及高新技术企业自身技术状况分析

6.2.1　分析方法

本项研究将利用文本挖掘方法对专利文献中的非结构项，如摘要、权利说明书等，进行深层次分析，并与结构项，如专利申请时间、申请数量结合，使用可视化方法构建领域技术热点图和企业技术实力图，从而清晰而直观地获取领域技术发展演变的过程、技术热点及企业技术的优势区和劣势区。

如图6-1所示，共分9步来探究领域技术发展趋势及高新技术企业自身技术状况。第1步，获取技术领域的专利文献。第2步，确定技术领域关键词。第3步，通过分析关键词在专利文档"名称"、"摘要"及"权利要求书"中出现的次数，构建关键词词频矩阵，使用该词频

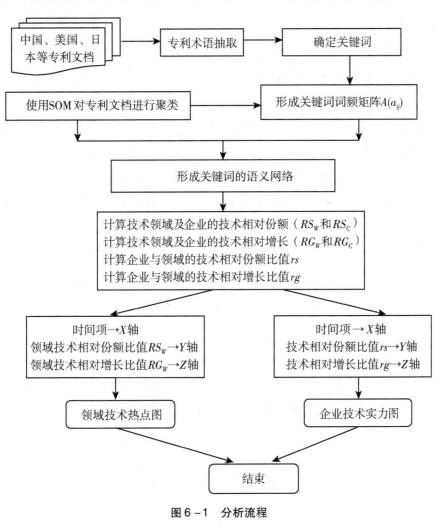

图6-1　分析流程

矩阵代替专利文档进行挖掘分析。第 4 步，使用 SOM 算法对关键词词频矩阵聚类。第 5 步、第 6 步，使用每簇中申请时间最早的关键词作为每簇的时间，结合关键词在每簇中出现的频率，形成关键词语义网络，从而获知技术的演变情况。第 7 步，计算技术领域的技术相对份额（ RS_w ）、技术相对增长（ RG_w ）和高新技术企业的技术相对份额（ RS_c ）、技术相对增长（ RG_c ）值，并求其比值 rs 和 rg 。第 8 步，使用时间、领域技术相对份额（ RS_w ）及相对增长（ RG_w ）作为 X 、 Y 、 Z 轴，构建领域技术热点图。第 9 步，使用时间、企业与领域技术相对份额比值（ rs ）和相对增长比值（ rg ）作为 X 、 Y 、 Z 轴，构建企业技术实力图。

（1）技术领域专利文献的获取

选取研究的技术领域、确定检索条件。利用以网络蜘蛛为技术核心的网络动态监测和信息自动获取技术，对网络服务器下达获取指令，实现数据本地化。然后对数据进行预处理，对数据进行清洗、集成及装载等，从而获取干净的专利文档。其中，专利文献主要来源于中国、美国、欧盟、Derwent 及日本专利数据库，主要属性为"名称"、"摘要"、"申请日期"、"授权日期"及"权利要求书"等。

（2）领域技术术语的确定

将领域 C-value 与信息熵方法相结合提取领域技术术语，同时，结合专家咨询方法，完善领域技术术语。

（3）关键词词频矩阵的构建

通过分析关键词在专利文档"名称"、"摘要"及"权利要求书"中出现的次数，构建关键词词频矩阵，使用该词频矩阵代替专利文档进行挖掘分析。其中，关键词词频矩阵 $A(a_{ij})_{(p \times q)}$ ，其定义为：

$$A(a_{ij})_{(p \times q)} = \begin{bmatrix} a_{11} & a_{12} & \cdots & a_{1q} \\ a_{21} & a_{22} & \cdots & a_{2q} \\ \vdots & \vdots & \ddots & \vdots \\ a_{p1} & a_{p2} & \cdots & a_{pq} \end{bmatrix}$$

式中：p 是专利文档的数目，q 是关键词的数目，a_{ij} 是第 j 个关键词在第 i 个专利文档中出现的次数。

（4）关键词词频矩阵聚类

相比其他聚类算法，SOM 聚类系统具有更好的鲁棒性，同时，使用 SOM 算法对关键词词频矩阵进行聚类，可以避免常用 K-means 聚类算法中需要输入归类的数目，造成的人为干扰，从而保证分类的客观性，因此本项目应用 SOM 算法对关键词词频矩阵进行聚类。具体的 SOM 算法见 2.3.3 节。

（5）关键词语义网络的构建

根据对专利文档的聚类结果，分析每簇中所含的关键词。假设第 i 簇中所含专利文档 A 和 B，如果 A 和 B 所含的关键词分别是"a"、"b"和"c"，则第 i 簇所含关键词为"a"、"b"、"c"，使用该方法可确定每簇所包含的关键词。由于这些关键词中不可避免地存在交叉，则交叉的关键词出现的频率更高，层次也会更高，针对该情况做如下操作：假设簇 1 有关键词"a"、"b"、"c"，簇 2 有关键词"b"、"e"，则簇 1 和簇 2 共享关键词"b"。于是，这两簇的关系能使用 3 个节点来表示：（a，c）、（b）和（e）。被共享的节点级别高于其他节点，于是箭头从（b）指向（a，c）和（e），如图 6 - 2 所示。

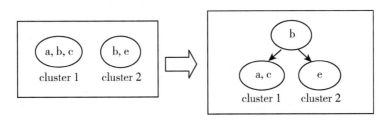

图 6 - 2　关键词语义网络初始图

（6）关键词语义网络的完善

在以上语义网络的基础上，结合"结构项"—"申请时间"来完成关键词语义网络的构建工作[143]。在如图 6 - 2 所示的语义网络基础上，确定语义网络中每一个节点的出现时间。而每一个节点的出现时间就是包含该节点关键词的所有专利文献中申请时间最早的专利文献对应的申请日期。例如，在图 6 - 2 中，左下方节点包含"a"和"c"两个关键词。如果"a"属于专利文献 A，"c"属于专利文献 C，则该节点的申请日期就是专利文献 A 和 C 中申请时间最早的文献对应的申请日期。例如，A 申请日期是 2007 年，C 申请日期是 2001 年，则该节点的申请日期就是"2001 年"。通过这样的方法，可以得到一个每个节点都有其出现时间信息的关键词语义网络。通过该语义网络可以看出技术发展变化的趋势。

（7）关键词技术指标

①技术相对增长 RG

第 j 个关键词的相对增长是：$(RG)_j = \dfrac{G_j}{\max(G_j)}$。$G_j$ 代表第 j 个关键词的增长，它被定义为：$G_j = \max_{t \in T}(np_{jt}) - \min_{t \in T}(np_{jt})$，$np_{jt}$ 指在 $t \in T$ 这一年里包含第 j 个关键词的专利申请数量。

②技术相对份额 RS

假设专利文档使用 SOM 方法聚类后得到 v 个簇。R 代表专利文档的聚类数，P_v 代表第 v 个簇中专利文档的集合。则第 j 个关键词的相对份额是：$(RS)_j = \sum_{v \in R} h_{jv}$。这里，如果第 j 个关键词在 P_v 的专利文档中出现过，则 $h_{jv} = 1$，否则 $h_{jv} = 0$。$(RS)_j$ 代表第 j 个关键词在专利文档聚类后的簇中出现的频次。

③企业与领域技术相对份额比值 rs 和技术相对增长比值 rg

$$rs = \frac{RS_c}{RS_w}, \quad rg = \frac{RG_c}{RG_w}$$

式中：RS_c 是高新技术企业的技术相对份额，RS_w 是整个技术领域的技术相对份额，RG_c 是高新技术企业的技术相对增长，RG_w 是整个技术领域的技术相对增长。

（8）领域技术热点图

根据（7）获得的数据指标 RS_w 和 RG_w，结合这些技术最早出现的时间，将这些信息反映至三维空间，其中，X 轴是时间轴，Y 轴是 RS_w 轴，Z 轴是 RG_w 轴，最后获得相应的领域技术热点图。

（9）企业技术实力图

根据（7）获得的数据指标 rs 和 rg，结合这些技术最早出现的时间，将这些信息反映至三维空间，其中，X 轴是时间轴，Y 轴是相对份额轴（rs），Z 轴是相对增长轴（rg），最后获得相应的企业技术实力图。

6.2.2　实证研究

由于信息通信领域技术密集度高、涉及面广，该领域的高新技术企业面临的技术威胁更加严峻。因此，本课题以信息通信领域企业为例，展开实证研究。

（1）数据的获取

应用 6.1.3 节检索得到的专利文献数据展开研究。

（2）关键词的确定

由于整个信息通信行业的关键词太多，有限空间内无法很好地对其进行展示，故本项研究选取通信领域，展示关键词选取过程。本项研究使用术语提取软件，通过对通信领域专利信息分析，可获知关键词有利用率、数据包、路由器等，如图 6-3 所示（通信领域关键词部分截图）。

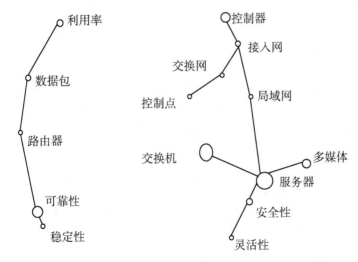

图 6-3　关键词关联可视图

另外，根据专家意见对关键词进行修改、补充，从而最终确定关键词，如调制编码、光网络、媒质接入控制、带宽分配、安全认证、调谐、控制平面、多协议标签交换、路由、软交换、IP 多媒体子系统等。

（3）关键词语义网络的形成

根据获取的关键词，构建关键词词频矩阵，使用 SOM 算法对该词频矩阵进行聚类分析，根据聚类结果形成关键词语义网络。本项研究获得的通信领域关键词语义网络如图 6-4 所示。

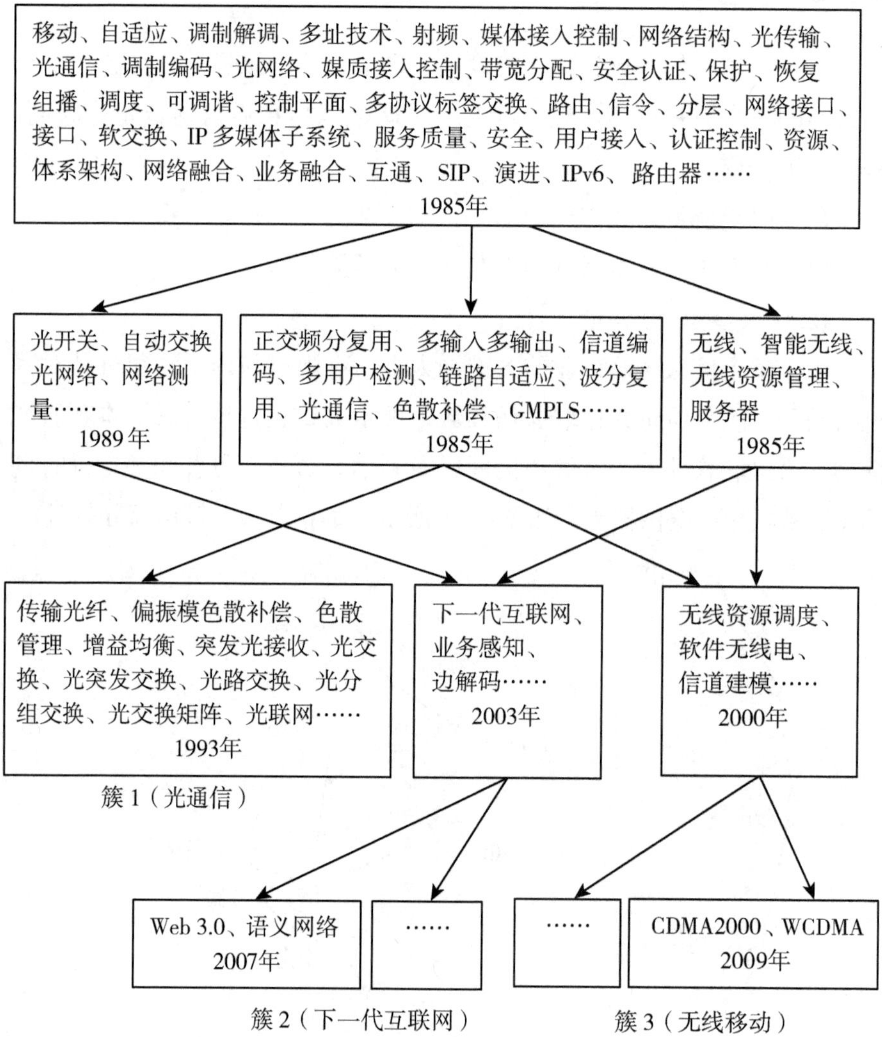

移动、自适应、调制解调、多址技术、射频、媒体接入控制、网络结构、光传输、光通信、调制编码、光网络、媒质接入控制、带宽分配、安全认证、保护、恢复组播、调度、可调谐、控制平面、多协议标签交换、路由、信令、分层、网络接口、接口、软交换、IP 多媒体子系统、服务质量、安全、用户接入、认证控制、资源、体系架构、网络融合、业务融合、互通、SIP、演进、IPv6、路由器……
1985年

光开关、自动交换光网络、网络测量……
1989 年

正交频分复用、多输入多输出、信道编码、多用户检测、链路自适应、波分复用、光通信、色散补偿、GMPLS……
1985年

无线、智能无线、无线资源管理、服务器
1985 年

传输光纤、偏振模色散补偿、色散管理、增益均衡、突发光接收、光交换、光突发交换、光路交换、光分组交换、光交换矩阵、光联网……
1993年

下一代互联网、业务感知、边解码……
2003年

无线资源调度、软件无线电、信道建模……
2000年

簇 1（光通信）

Web 3.0、语义网络
2007年

……

……

CDMA2000、WCDMA
2009年

簇 2（下一代互联网）　　　簇 3（无线移动）

图 6-4　通信领域关键词语义网络

（4）领域技术热点图的形成

在语义网络的基础上，辅助以领域技术相对增长和领域技术相对份额的定量指标,让其分别表示 Y 轴和 Z 轴,时间表示 X 轴,形成三维的我国通信领域技术热点图,如图 6-5 所示。

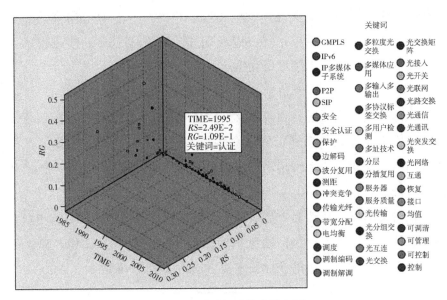

图 6-5 通信领域技术热点图

从图 6-5 中可以看到各个技术的增长情况及相对的技术份额情况。为了更好地分析技术的研究热点领域,来看一下该图的剖面图,如图 6-6 所示。

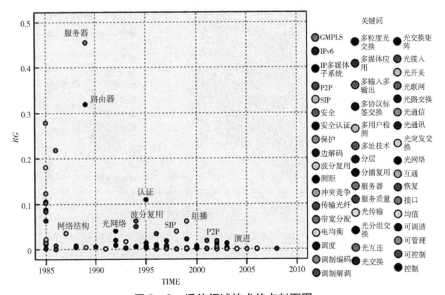

图 6-6 通信领域技术热点剖面图

从图 6-6 中可以看出，在 20 世纪 80 年代，通信技术领域研究的热点是服务器、路由器、网络结构等；90 年代初期，光网络、波分复用等技术引起了世人的关注，发展迅速；90 年代中后期，研究的热点转移为 SIP 技术、组播技术等；进入 21 世纪，P2P 技术、演进技术等成为新一代的通信技术领域研究焦点。

（5）企业技术实力图的形成

本部分选用我国通信领域一家高新技术企业，该企业在我国通信领域技术实力雄厚，从事通信领域众多技术的研发。在此，选择"多模无线网络（用来解决无线信道的快速自适应均衡问题）"方面的技术状况进行分析。

在语义网络的基础上，辅助以企业与领域技术相对份额比例和企业与领域技术相对增长比例的定量指标，让其分别表示 Y 轴和 Z 轴，时间表示 X 轴，形成三维的企业技术实力图，如图 6-7 所示。

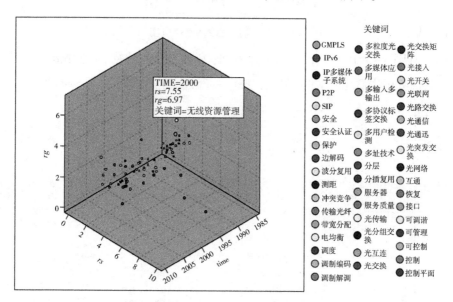

图 6-7　企业技术实力图

如图 6-7 所示，根据各技术在空间中的位置，获知该企业的技术实力状况及相应的风险区域。为了更好地分析该企业的技术实力情况，对该图的剖面图（图 6-8）进行分析。

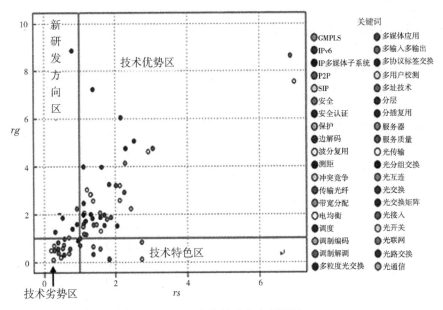

图6-8　企业技术实力剖面图

从图6-8中可以看出，整个图使用 $rs=1$ 和 $rg=1$ 分为4个区域。右上角区域是该高新技术企业无论是在技术的相对增长还是相对份额上都高于领域平均水平的技术，则该区域中所含的技术就是该企业的优势技术；而左下角区域恰恰与之相反，该区域所涵盖的技术是该企业的劣势技术；左上角区域所含的技术是企业近几年来大力研发的技术，属于企业新的研发方向；右下角区域所含的技术是企业原先就具有的技术优势，但近几年投入精力相对较少的技术。通过企业技术实力图可以形象、直观地掌握企业的技术实力。

6.3　高新企业技术侵权识别

本研究在通过对专利文档进行分析的基础上，使用主成分分析和可视化方法进行了高新技术企业技术侵权识别，制作了企业技术威胁和机会图，从而可以清晰而直观地判断该企业正在研发或预研发的技术是否具有行业研发潜力，以及是否会触及技术壁垒。

6.3.1 技术侵权分析流程

在6.2节高新技术企业技术实力研究的基础上，使用已获得关键词的词频矩阵，展开后续工作。整个研究工作流程如图6-9所示。

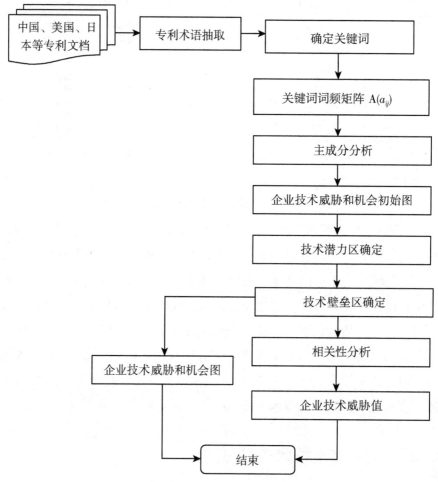

图6-9 高新技术企业技术威胁和机会分析流程

（1）企业技术威胁和机会初始图

由于一个技术领域内包含的关键词太多，通常一条专利至少包含10个以上的关键词，这使得我们很难把握每条专利的特点，以及整个领域的技术布局情况。针对这个问题，本研究应用主成分分析方法，对关键词词频矩阵进行主成分分析，获取综合影响因子。然后，以主成分因子（目前没有明确的方法决定主成分的个数，大量实验表明通常获取 2～3 个就可以解释样本情况）构建坐标系，将每一条专利映射到一个立体空间，从而获取企业技术威胁和机会初始图。

制作过程如图 6－10 所示。

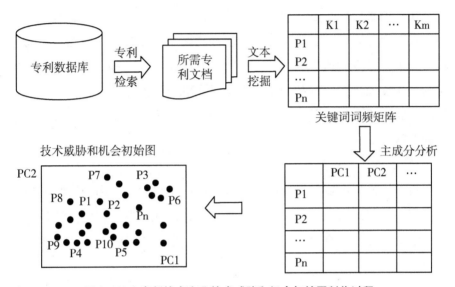

图 6－10　高新技术企业技术威胁和机会初始图制作过程

（2）技术潜力区的确定

从图 6－10 中的企业技术威胁和机会初始图中可以看到行业领域专利技术的布局。整个空间表示某一技术领域，从该图中可以发现在整个技术领域中有不少空缺区域，这些区域就是一些未被研发的技术区域，但这些区域是否都具有开发价值，有待检测。

1）潜力区域的设定

首先，定义一个专利密度较低的相对较大的区域。尽管定量的标准可用来检测可能的区域，定性或者直觉判断在识别真正具有潜力的区域时可能更加灵活。但判断的基本原则是所设定的技术区域专利密度比较稀疏，但也不可太低。

如果专利密度太大，则说明该区域早已成为研发焦点，可进行的研究部分已经不多，到处布满技术壁垒，技术研发潜力不大。而如果密度过低，则属于无人介入区，如果在该区域上进行研究，技术研发失败的风险性会很大。因为高新技术企业所进行的技术研发属于应用技术的研发，而非基础理论的研究。对于这类无人介入区，首先不清楚基础研究有没有发展起来，因为任何应用技术的研发都要有基础理论研究作为基础；其次，即使理论基础已经成熟，但因无人涉足，无一点经验可以借鉴，技术能否产业化也未知，所以这些区域当前属于无价值区域。

根据上述原则，设定可能的技术潜力区域。通常，专利地图上的稀疏区域被许多专利所包围；然而，将所有的这些专利都加以考虑是不现实的，所以使用相关专利的子集来定义专利空缺的边界。在开发了企业技术威胁和机会初始图及识别专利空缺之后，下一步就是验证每一个空缺的有效性。

2）技术潜力区的验证

对技术潜力区域的有效性进行验证是必不可少的，因为有些空缺看起来似乎是很肥沃的，其实由于环绕专利的潜在价值，这些空缺是贫瘠的。空缺区域是否有效的确认标准由基于空缺周围环绕专利的重要性来决定。

技术潜力区验证的第一步是收集被用来定义空缺的所有专利的原始信息。信息范围是广泛而且多样化的，从基本的信息（专利号、专利名、委托人等），到更加复杂的信息，如摘要、描述及权利要求。

之后，设定技术潜力区是否有效的评价标准。根据研究需求，本项研究进行了大量调研工作，通过专家访谈，设定3类指标来进行验证。

①重要性指标：

• 权利要求。"权利要求"值的计算使用每个专利的权利要求数的平均值。权利要求详细说明了专利发明的基本部分。权利要求数可以预示专利的范围或者宽度[144]。

• 进入国家的 PCT 专利申请数。只有非常具有市场价值，并且通过国际 PCT 组织的初步审查的专利才会进入国家阶段，故这些专利一般价值较高，有研究意义。通过 PCT 专利申请进入国家阶段份额，可获知专利的价值状况[130]。

②技术新颖性：技术的新颖性通过其申请日期来反映，通过申请日期了解技术的出现时间。

③侵权风险：使用专利授权率来测评。

基于上述指标，被探索的空缺最终被确定，根据项目采用的技术在空间中的位置，定性判断项目前景。

（3）技术壁垒区的确定

技术壁垒区的确定较之技术潜力区的确定相对简单，本研究根据专利密度选择技术壁垒区。通常根据研究需要，选择密度最大的作为技术壁垒区。该部分研究通常无须计算，在企业技术威胁和机会初始图上即可根据专利分布断定。

（4）企业技术威胁和机会图

根据有效性检验，确定了技术潜力区；从企业技术威胁和机会初始图上参考专利密度，确定了技术壁垒区。从而确定企业技术威胁区域，构建企业技术威胁和机会图，定性分析企业技术威胁和机会。

（5）企业技术威胁分析

将企业正在研发或即将研发的技术内容或技术方案，使用 6.2.1 节中的方法生成关键词词频矩阵。将该词频矩阵与有效技术潜力区和技术壁垒区边界环绕专利的词频矩阵进行相关性分析，从而确定企业技术威胁状况。

设高新技术企业的技术研发方案与有效潜力区边界环绕专利的相似性为 S_{pp}，与技术壁垒区边界环绕专利的相似性为 S_{pb}。通过上面分析可知，有效技术潜力区代表技术机会区，而技术壁垒区代表技术威胁区，故企业技术威胁值为：

$$ETT = S_{pp} \odot [(-1) \cdot S_{pb}]$$

式中：$\odot$ 表示 S_{pp} 和 S_{pb} 间的合成。根据研究的具体对象，通过大量实验验证，决定采用何种合成方式。

（6）技术威胁事件的甄别

如果面临技术威胁，定位其在高新技术企业技术威胁和机会图中的位置，对所环绕的专利进行分析，使用设定的重要性指标（权利要求、进入国家的 PCT 专利申请数）、技术新颖性和侵权风险进行评价识别，最终确定技术威胁事件——相关专利，并进行重点防范。

6.3.2 实证研究

本研究选用一高新技术企业正在研发的技术方案，是关于自动交换光网络节点设备方面的内容，主要完成具有多类型业务接入、动态资源分配等功能的自动交换光网络设备方面的研发任务。针对此次研发内容分析其技术威胁情况。

由于整个信息通信领域包含内容太多，描述展示起来效果并不是太理想。而该研发任务细分应属于光通信领域，为了更加清楚、详细地了解该分析过程，本节选用光通信领域数据信息进行分析。

（1）企业技术威胁和机会初始图的形成

1）主成分分析

通过主成分分析，可以获知其成分矩阵，如表6-4所示。

表6-4　关键词主成分分析

	成分				
	1	2	3	4	5
光传输	0.268	-0.327	0.406	-0.136	0.337
波分复用	0.395	-7.66E-002	0.214	-6.38E-003	0.310
光通信	0.197	1.40E-002	0.217	0.253	-0.332
光通迅	-8.19E-002	9.94E-002	-0.177	-0.313	0.143
传输光纤	0.180	-0.161	0.225	-5.92E-002	0.206
调制编码	2.84E-002	-1.40E-002	4.13E-002	4.45E-002	-0.138
色散补偿	0.295	-0.301	0.398	-0.152	0.372
偏振模色散补偿	7.34E-002	-4.19E-002	6.72E-002	-1.82E-002	0.113
色散管理	3.67E-002	-6.49E-002	7.19E-002	-3.74E-002	6.46E-002
相干接收	6.52E-002	-3.10E-002	5.16E-002	-1.04E-002	8.55E-002
平衡接收	3.67E-002	-6.49E-002	7.19E-002	-3.74E-002	6.46E-002
电均衡	1.71E-002	-1.50E-002	2.38E-002	1.79E-002	-8.77E-002
增益均衡	7.43E-002	-6.22E-002	9.26E-002	9.55E-003	-4.73E-002

续表

	成分				
	1	2	3	4	5
前向纠错编码	2.13E − 002	− 4.05E − 002	3.92E − 002	− 2.30E − 002	1.36E − 002
光接入	− 2.32E − 002	− 4.18E − 003	5.71E − 002	0.101	1.12E − 003
光网络	− 0.567	8.99E − 002	− 0.165	5.20E − 002	6.10E − 002
媒质接入控制	− 0.190	0.348	0.350	3.37E − 002	7.77E − 003
带宽分配	− 0.145	− 6.33E − 002	− 4.39E − 002	0.106	− 0.168
测距	− 6.14E − 002	− 2.32E − 002	− 1.00E − 002	2.91E − 002	− 0.145
……	……	……	……	……	……

共有 5 个因子, 其特征值如表 6 – 5 所示。

表 6 –5　主因子特征值

因子数	因子 1	因子 2	因子 3	因子 4	因子 5
特征值	0.076	− 0.183	0.070	− 0.081	− 0.277

经分析, 5 个因子中有效因子只有因子 1 和因子 3, 故选用这两个主成分因子作为坐标系, 以映射专利文档。

2) 专利文档的映射

选取因子 1 和因子 3 分别作为 X 轴和 Y 轴, 将专利文档映射到该二维空间, 映射后得到图 6 – 11 所示的结果。

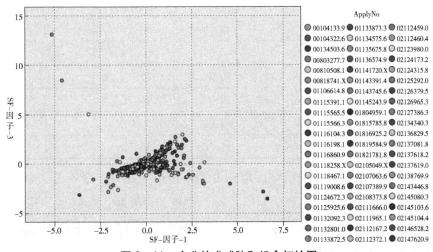

图 6 –11　企业技术威胁和机会初始图

（2）技术潜力区的设定

根据图6-11，初步设定可能的技术潜力区。图6-12上所标出的区域即为可能有效的技术区域，但具体确定还需要进行下面的验证工作。

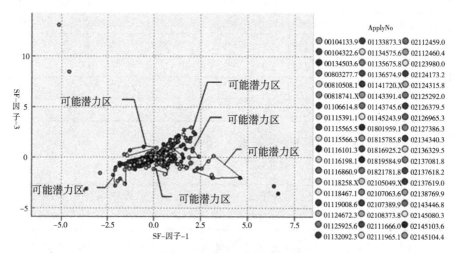

图6-12　技术潜力区设定图

（3）技术潜力区的检测

通过分析可以得到所选定的6个区域的情况，如表6-6所示。

表6-6　各潜力区域指标

	权利要求数	授权率	申请时间	是否进入国家
GROUP1	5.30	30.0%	30.0%	0
GROUP2	13.40	40.0%	60.0%	0
GROUP3	7.25	50.0%	25.0%	0
GROUP4	13.20	20.0%	66.7%	0
GROUP5	6.80	40.0%	50.0%	1
GROUP6	7.64	35.7%	35.7%	1

权利要求数越高说明该区域的专利申请质量越好，越有开发潜力；授权率则是越低越好，因为只有这样，侵权的可能性才会越小，开发的空间会越大；申请时间则是2013年之后的越多越好，由于通信领域技术更新换代的周期通常是18个月，考虑到专利存在滞后性的问题，故

专利申请时间以 2013 年为限，根据群组中申请时间位于 2013 年以后的专利比率来研究技术的新颖性；对进入国家的专利数量则是越多越好，因为这样反映了该区域专利质量优良。综合这几方面的考虑，GROUP2 和 GROUP4 成为首选，环绕着两个区域的部分专利如表 6-7 所示。

表 6-7　有效技术潜力区域环绕专利

申请号	专利名称	申请单位	权利要求	授权	申请时间	进入国家日期
……	一种 40Gbps 波分复用系统的色散补偿装置和方法	中兴通讯股份有限公司	10	未	……	未
……	包含其中单级矩阵具有一级克洛斯网络的多级克洛斯网络的光交叉连接	马科尼通信股份有限公司	14	未	……	未
……	ASON 网络中控制平面参与保护倒换的方法	烽火通信科技股份有限公司	24	授权	……	未
……	……	……	……	……	……	……

这些专利环绕的技术空缺区域分别是 GROUP2 和 GROUP4，由此可以确定其为最有潜力的两块区域，如图 6-13 所示。

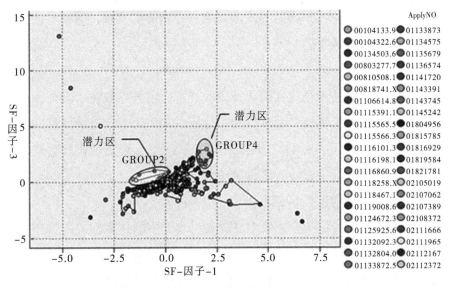

图 6-13　技术潜力图

（4）企业技术威胁和机会图

综上分析，结合专利密度分析，使用图形将行业领域的技术壁垒区和技术潜力区予以显示，如图6-14所示。

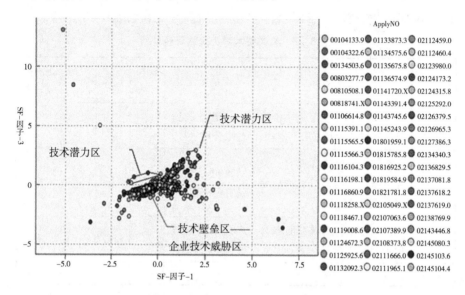

图6-14　企业技术威胁和机会图

（5）企业技术威胁分析和威胁事件甄别

针对本节研究对象所属的技术领域——光通信领域，通过对该技术领域大量研发案例实验验证：

$$ETT = S_{pp} + \left[\left(-1 \right) * S_{pb} \right]$$

通过对高新技术企业在研或预研的技术方案与有效技术潜力区边界和技术壁垒区边界环绕专利进行相关分析，并使用上式进行计算，获知其相似度为 $ETT = -0.451$，从而可知 $S_{pb} > S_{pp}$，获知企业此次研发方案威胁值大于机会值，对企业构成威胁。

（6）技术威胁事件的甄别

对图6-14所示的企业技术威胁和机会图中的技术壁垒区所环绕的专利进行分析，使用6.3.1节中设定的重要性指标（权利要求、进入国家的PCT专利申请数）、技术新颖性和侵权风险进行评价识别，最终确定技术威胁事件——相关专利，结果如表6-8所示。

表6-8　技术威胁事件

申请号	专利名称	申请单位	权利要求	授权	申请时间	进入国家日期
……	光网络装置和光网络	日立通信技术株式会社	15	未	……	未
……	波分复用光传输系统及波长色散补偿单元	富士通株式会社	10	未	……	未
……	……	……	……	……	……	……

6.4　小结

本章应用文本挖掘技术对专利文档展开挖掘分析，获取有价值的技术竞争情报，从而对高新技术企业面临的技术威胁进行识别。第一，通过关键词语义网络的构建，获知行业领域的技术演变情况。以此为基础，构建了行业技术热点图和企业技术实力图，从而了解当前行业的研究热点和高新技术企业自身的技术结构情况；第二，以第一部分研究为基础，形成了企业技术威胁和机会图，并通过相关分析，获知企业技术威胁数值，从而清晰地掌握企业面临的技术威胁和技术机会情况。经过实证研究，该部分的研究工作利用专利信息的深入挖掘分析，有效捕获高新技术企业面临的技术威胁，具有一定的理论意义和实用价值。

7　结论与展望

7.1　结论

在当今社会经济高速发展的过程中，技术成为推动生产力发展和人类社会进步的决定性因素，技术的重要性，尤其是高新技术的重要性日益凸现。随着经济全球化进程的加速，发达国家和跨国公司拥有着明显的技术优势和更强的技术创新能力。而我国高新技术企业由于核心技术少、对外技术依存度高等问题，使得我国高新技术企业面临的技术威胁日益严重，在国际竞争中屡屡受挫，如数字电视事件、小米手机滞销等。因此，如何及时、准确地识别技术威胁，动态、实时地监测技术威胁因素，并对其引发的潜在危害有效地进行识别、防范亟待研究。

鉴于本项目是针对高度重视知识产权的高新技术企业进行技术威胁识别研究。首先，技术威胁的概念鲜有人深入分析，但此概念是本项目研究的立足之本，因此，本研究对技术威胁的概念、构成因素、形成机制等展开探讨，提出技术威胁的五元组；其次，以技术威胁概念研究为基础，针对高新技术企业自身特性，分别从技术威胁环境、技术威胁对手和技术威胁事件3个维度构建高新技术企业技术威胁模型，并对各个维度的技术威胁因素进行剖析；最后，由于高新技术企业高度重视知识产权，大量的技术威胁的产生源于技术纠纷和技术侵权等，因此，该部分研究通过对专利文档的挖掘分析和系统研究，实现对高新技术企业面临的技术威胁的有效识别。主要研究工作和结论如下：

（1）技术威胁理论研究

本部分内容旨在明确技术威胁的形成机制和组成因素，并针对高新技术企业在技术创新过程中面临的技术威胁，进行重点探究和解析。主要研究内容包括：从技术特性和技术发展不平衡的客观事实出发，对技术威胁的概念、本质、类型及其影响因素等进行深入研究，明确技术威胁的形成机制，构建技术威胁组成元素五元组 ⎰技术威胁环境、技术威胁主体（技术威胁制造者）、技术威胁事件、技术威胁客体（研究对象）、技术威胁结果⎱。

（2）高新技术企业技术威胁模型研究

本部分内容旨在针对高新技术企业自身特点，深入分析其面临的技术威胁，重点从技术威胁环境、技术威胁制造者和技术威胁事件 3 个维度展开研究，构建高新技术企业技术威胁模型。主要研究内容包括：①技术威胁环境维度——主要从微观环境、中观环境和宏观环境 3 个层面进行探讨，识别不同环境中的技术威胁因素；②技术威胁制造者——分析技术威胁制造者的来源、类型及技术战略；③技术威胁事件——探究事件的定义和表示方法，解析技术威胁事件的定义和类型，并深入分析技术威胁事件的构成要素。

（3）专利文献的技术术语抽取

本部分内容旨在应用自然语言处理技术对专利文档进行文本解析，获取行业领域的技术术语，从而为后续专利文档的挖掘分析获取有价值的技术竞争情报提供信息和技术支撑。主要研究内容包括：①深入分析术语、科技术语及专利术语的特点及组成形式，为文本切分技术的选取提供理论依据；②构建专利文献的技术术语抽取框架，提出基于领域 C-value 和信息熵的技术术语抽取算法，探讨了过滤规则的设置方法；③获取信息通信领域的专利文档，展开实证研究，抽取技术术语，并将结果与似然估计法和互信息方法相对比，从而验证其准确性和有效性。

（4）应用专利分析获取高新技术企业的技术威胁因素

本部分内容旨在应用文本挖掘技术对专利文档展开挖掘分析，获取有价值的技术竞争情报，从而对高新技术企业面临的技术威胁进行识别。主要研究内容包括：①通过关键词语义网络的构建，获知行业领域的技术演变情况，同时构建行业技术热点图，了解当前行业的研究热点——从而有效掌握中观层面的产业技术环境状况；②以①为基础，构建企业技术实力图，分析高新技术企业技术结构，剖析各高新技术企业的技术实力状况，从而有效识别竞争对手；③针对研究对象——某一高新技术企业，绘制其技术威胁和技术机会图，判断技术潜力区和技术壁垒区，计算技术威胁值，并针对技术壁垒区的环绕专利，重点识别技术威胁事件，加以防范。经过实证研究，利用专利信息的深入挖掘分析，有效捕获高新技术企业面临的技术威胁，具有一定的理论意义和实用价值。

7.2　展望

高新技术企业技术威胁识别研究还有一些工作需要完成，进一步的研究工作主要包括以下两部分。

（1）Web 信息的有效应用与技术竞争情报的获取

根据研究需要，本项目研究中仅仅利用了技术信息含量丰富、权威性强的专利数据，但专利数据的自身特性决定了其时间延迟性强，对于面临激烈市场竞争的高新技术企业，将影响其技术威胁识别的及时性和有效性。而对于丰富的 Web 信息，如何对其进行应用，验证其真实性、准确性，从而获取有价值的技术竞争情报，使高新技术企业技术威胁识别更加全面、及时，还需进一步研究。

（2）技术威胁事件的识别，需要进一步深化其研究方法

由于专利数据的限制，在高新技术企业技术威胁事件识别过程中，仅仅采用了文本挖掘技术予以分析和尝试。后续工作中，随着 Web 数据的补充完整，应进一步深入研究事件抽取和识别方法，从而使技术威胁事件的捕捉更为全面、具体，更加具有针对性。

参考文献

［1］张利英，郭建平.21世纪初世界科技走向及我国科技安全环境研究［J］.科技进步与对策，2004（2）：14-16.

［2］陶文昭.技术民族主义与中国的自主创新［J］.高校理论战线，2006（5）：43-48.

［3］鲁若愚，银路.企业技术管理［M］.北京：高等教育出版社，2006.

［4］http://finance.ifeng.com/a/20150209/13491299_0.shtml.

［5］http://money.163.com/15/0206/09/AHOS5H7300252603.html.

［6］魏建良，谢阳群.技术性贸易壁垒的预警信息管理研究［J］.情报科学，2007，25（2）：193-197.

［7］高山行，江旭，范陈泽，等.企业专利竞赛理论及策略［M］.北京：科学出版社，2005.

［8］Gert T du Preez, Carl W I Pistorius. Technological threat and opportunity assessment ［J］. Technological Forecasting and Social Change, 1999（3）：215-234.

［9］Gert T du Preez, Carl W I Pistorius. Analyzing technological threats and opportunities in wireless data services ［J］. Technological Forecasting and Social Change, 2002（1）：1-20.

［10］Bruce A Vojak, Frank A Chambersa. Roadmapping disruptive technical threats and opportunities in complex, echnology-based subsystems: the SAILS methodology ［J］. Technological Forecasting and Social Change, 2004（71）：121-139.

［11］张锡林，唐元虎.企业的技术威胁与机会评估探讨［J］.科技进步与对策，2003（4）：119-121.

［12］李哲，刘彦.以技术预警实现战略应对——技术性贸易措施典型案例分析［J］.中国科技论坛，2006（4）：91-95.

［13］汪雪锋，赖院根，朱东华.技术威胁理论研究［J］.科学学研究，2009，27（2）：166-169.

［14］ 赖院根，汪雪锋. 组织间技术威胁的理论研究［J］. 科研管理，2009，30（4）：123 – 129.

［15］ 娄道国，刘盛博，王博，等. LTE 移动通信技术专利竞争情报分析［J］. 计算机光盘软件与应用，2013，（4）：293 – 296.

［16］ Choung J Y. Patterns of innovation in Korea and Taiwan［J］. IEEE Transactions on Engineering Management，1998，45（4）：357 – 365.

［17］ Jim Y C，Lee P J. The use of patent analysis in assessing ITS innovations：US，Europe and Japan［J］. Transportation Research Part A：Policy and Practice，2007，41（6）：568 – 586.

［18］ 李云彪. 基于专利分析的中国汽车行业技术创新战略研究［J］. 工业技术经济，2012（12）：3 – 12.

［19］ 娄岩，张赏，黄鲁成，等. 基于专利分析的替代性技术识别研究［J］. 情报杂志，2014，33（9）：27 – 32.

［20］ Ernst H. Patent portfolios for strategic R&D planning［J］. Journal of Engineering and Technology Management，1998，15（4）：279 – 308.

［21］ Ernst H. Patent information for strategic technology management［J］. World Patent Information，2003，25（3）：233 – 242.

［22］ 赖院根，朱东华，胡望斌. 基于专利情报分析的高技术企业专利战略构建［J］. 科研管理，2007，28（5）：156 – 162.

［23］ 黄文，张丹. 基于专利分析电动汽车产业主流技术趋势［J］. 科技创新与生产力，2014（245）：1 – 3.

［24］ 慎金花，张宁. 基于专利分析的中国燃料电池汽车技术竞争态势研究［J］. 情报杂志，2014，33（7）：27 – 32.

［25］ Peter C G，David J T. Managing intellectual capital：licensing and cross-licensing in semiconductors and electronics［J］. California Management Review，1997（39）：8 – 41.

［26］ Ase Damm. Technology and competitor mapping designed to support strategic business decisions［J］. World Patent Information，2012（34）：124 – 127.

［27］ Janghyeok Yoon，Hyunseok Park，Kwangsoo Kim. Identifying technological competition trends for R&D planning using dynamic patent maps：SAO-based content analysis［J］. Scientometrics，2013，94（1）：313 – 331.

［28］ 陈洁，侯威. 基于专利分析和竞合观点的企业技术创新策略研究［J］. 安徽科技学院学报，2013，27（6）：119 – 124.

［29］ Hehenberger M. Text mining applied to patent analysis ［EB/OL］. ［2007 – 06 – 01］. http://www – 306. ibm. com/solutions/businessintelligence/pdf/patent. pdf, 1998.

［30］ Michael D L, Elissa Y C. Sequential sampling models of human text classification ［J］. Cognitive Science, 2003, 27（2）：159 – 193.

［31］ Shinmori A, Okumura M, Marukawa Y, et al. Patent claim processing for readability：structure analysis and term explanation ［C］. Proceedings of ACL 2003 Workshop on Patent Corpus Processing, 2003：56 – 65.

［32］ Kim Y G, Suh J H, Park S C. Visualization of patent analysis for emerging technology ［J］. Expert Systems with Applications, 2008, 34（3）：1804 – 1812.

［33］ 暴海龙. 面向技术创新管理的专利情报分析方法研究 ［D］. 北京：北京理工大学博士学位论文, 2004.

［34］ 余丰. 专利摘要信息的信息抽取研究 ［D］. 北京：北京理工大学硕士学位论文, 2006.

［35］ 郭婕婷, 肖国华. 专利分析方法研究 ［J］. 情报杂志, 2008（1）：12 – 14.

［36］ 陈云伟, 方曙. 社会网络分析方法在专利分析中的应用研究进展 ［J］. 图书情报工作, 2012, 56（4）：90 – 95.

［37］ 翟东升, 孙武, 张杰, 等. 基于动态网络分析的 LTE TDD 技术专利分析 ［J］. 情报杂志, 2014, 33（7）：43, 63 – 69.

［38］ 张锋, 许云, 侯艳, 等. 基于互信息的中文术语抽取系统 ［J］. 计算机应用研究, 2005（5）：72 – 77.

［39］ 何婷婷, 张勇. 基于质子串分解的中文术语自动抽取 ［J］. 计算机工程, 2006, 32（23）：188 – 189.

［40］ 胡文敏, 何婷婷, 张勇. 基于卡方检验的汉语术语抽取 ［J］. 计算机应用, 2007, 27（12）：3019 – 3025.

［41］ 周浪, 张亮, 冯冲, 等. 基于词频分布变化统计的术语抽取方法 ［J］. 计算机科学, 2009, 36（5）：177 – 180.

［42］ 章成志. 基于多层术语度的一体化术语抽取研究 ［J］. 情报学报, 2011, 30（3）：275 – 285.

［43］ 王强军, 李春贵, 唐培和, 等. 一种主题语句发现的中文自动文摘研究 ［J］. 计算机工程, 2007, 33（8）：180 – 181.

［44］ 岑咏华, 韩哲, 季培培. 基于隐马尔科夫模型的中文术语识别研究 ［J］. 现代图书情报技术, 2008（12）：54 – 48.

［45］李勇. 基于聚类方法对特定领域术语的自动筛选［J］. 计算机工程与科学，2008，30（2）：64-66.

［46］王卫民，贺冬春，符建辉. 基于种子扩充的专业术语识别方法研究［J］. 计算机应用研究，2012，29（11）：4105-4107.

［47］李丽双，党延忠，张婧，等. 基于条件随机场的汽车领域术语抽取［J］. 大连理工大学学报，2013，53（2）：267-272.

［48］Jones L R, Gassie E W. Index：the statistical basis for an automatic conceptual phrase-indexing system［J］. Journal of the American Society for Information Science，1990，41（2）：87-97.

［49］Bourigault D. Surface grammatical analysis for the extraction of terminological noun phrases［C］. The 15th International Conference on Computational Linguistics，1994.

［50］Fukuda K, Tamura A. Toward information extraction：identifying protein names from biological papers［J］. Pac Symp Biocomput，1998：707-718.

［51］Beatrice D, Eric G, Jean M L. Towards automatic extraction of monolingual and bilingual terminology［C］. In Proceedings of the 15th conference on Computational Linguistics，Japan，1994：515-521.

［52］Hongying Zan, Guocheng Duan, Ming Fan. Single word term extraction using a bilingual semantic lexicon-based approach［C］. Proceedings of 3rd International Conference on Natural Computation，2007：451-456.

［53］Yang Y, Lu Q, Zhao T. A delimiter-based general approach for Chinese term extraction［J］. Journal of the American Society for Information Science and Technology，2010，61（1）：111-125.

［54］姜韶华，党延忠. 无词典中英文混合术语抽取及算法研究［J］. 情报学报，2006，25（3）：301-305.

［55］刘桃，刘秉权，徐志明，等. 领域术语自动抽取及其在文本分类中的应用［J］. 电子学报，2007，35（2）：328-332.

［56］Ji L, Sum M, Lu Q, et al. Chinese terminology extraction using window-based contextual information［C］. CICLing 2007，LNCS 4394，2007：62-74.

［57］李卫. 领域知识的获取［D］. 北京：北京邮电大学博士学位论文，2008.

［58］周浪，史树敏，冯冲，等. 基于多策略融合的中文术语抽取方法［J］. 情报学报，2010，29（3）：460-467.

［59］Lee C, Huang C, Tang K, et al. Iterative machine-learning Chinese term extraction

［C］. Proceedings of the 14th International Conference on Asia-Pacific Digital Librar-
ies，2012：309 – 312.

［60］ Japan Institute of Invention and Innovation. Guide book for practical use of patent map for
each technology field ［EB/OL］. http：//www. apic. jiii. or. jp /p _ f / text/ text/
5 – 04. pdf.

［61］ Establishment of patent distribution and technology transfer markets ［EB/OL］. http：//
www. jpo. go. jp/tousie/pdf/chapter3. pdf.

［62］ News the publication and distribution of Patent Maps（PM）for cellular phones ［EB/
OL］. http：//www. kipo. go. kr/ehtml/eStaPublic. html.

［63］ Huang Zan, Chen Hsinchun, Chen Zhi-Kai, et al. International nanotechnology
development in 2003：country, institution, and technology field analysis based on
USPTO patent database ［J］. Journal of Nanoparticle Research, 2004（6）：
325 – 354.

［64］ 刘平，吴新银，戚昌文. 专利地图在企业研发管理上的应用 ［J］. 研究与发展管
理，2005，17（2）：47 – 52.

［65］ 郑重. 张旭廷：专利地图就是 "作战" 地图 ［EB/OL］. http：//www. ciweekly.
com/article/2004/1111/A20041111361116. shtml, 2005.

［66］ 香港生产力促进局. 生产力局建立中外专利信息服务平台镜像站 ［EB/OL］.
http：//kanhan. hkpc. org：1980/TuniS/www. hkpc. org/html/sch/press _ release _ spee-
ches/press_ releases/press_release_ detail. jsp？ pressReleaseId = 36，2005.

［67］ 胡惠平. 专利地图现状及发展 ［J］. 科技创新导报，2009，（14）：97 – 99.

［68］ Kim YG, Suh JH, Park SC. Vsualization of patent analysis for emerging technology
［J］. Expert Systems with Applications（UK），2008，34（3）：1804 – 1812.

［69］ Lee S, Seol H, Park Y. Using patent information for designing new product and technol-
ogy：keyword based technology roadmapping ［J］. R&D Management（UK），2008，
38（2）：169 – 188.

［70］ Suh J H, Park S C. Service-oriented Technology Roadmap（SoTRM）using patent map
for R&D strategy of service industry ［J］. Expert Systems with Applications（UK），
2009，36（3）：6754 – 6772.

［71］ 宓翠，袁旭梅，孟卫东. 基于专利地图技术的我国风电产业专利竞争情报研究
［J］. 情报杂志，2010，29（11）：39 – 43.

［72］ 潘雄锋，张维维，舒涛. 我国新能源领域专利地图研究 ［J］. 中国科技论坛，

2010（4）：41－45.

[73] 王胜君，吴冲，张新颖，等．基于共现分析的专利地图绘制及实证研究——一个政府信息重构的视角［J］．情报学报，2011，30（3）：318－324.

[74] 郑云凤．基于专利管理地图方法的企业专利战略研究——以我国通信设备制造企业为例［D］．北京：中国政法大学硕士学位论文，2010.

[75] 武建龙，陶微微，王宏起．基于专利地图的企业研发定位方法及实证研究［J］．科学学研究，2009，27（2）：220－225.

[76] 王珊珊，田金信．基于专利地图的R&D联盟专利战略制定方法研究［J］．科学学研究，2010，28（6）：846－852.

[77] 李晓锋，祝艳萍．基于专利地图的企业专利战略制定方法及实证研究［J］．中国科技论坛，2010（11）：62－66.

[78] 刘桂锋，李伟，刘红光．基于专利地图的企业专利预警模式实证研究［J］．情报杂志，2012，31（5）：12－17，22.

[79] 赵忠伟．高新技术企业持续竞争优势研究［D］．哈尔滨：哈尔滨工程大学博士学位论文，2010.

[80] 王爱国．高技术企业战略管理模式的创新研究［D］．天津：天津大学博士学位论文，2006.

[81] 赵莉．高新技术企业专利管理与技术创新绩效关联研究［D］．武汉：华中科技大学博士学位论文，2012.

[82] 王萍．人力资本：高新技术企业的核心竞争要素［J］．科技进步与对策，2003，20（7）：124－125.

[83] 姜艳萍．我国高新技术企业专利战略及对策研究［J］．科技管理研究，2008，28（6）：455－457.

[84] 杨莹．高新技术企业自主知识产权战略研究［D］．天津：天津大学博士学位论文，2008.

[85] 陈仲伯．高新技术企业持续技术创新体系研究［D］．长沙：中南大学博士学位论文，2003.

[86] 周从章．高新技术企业特征分析［J］．高校科技与产业化，2002，12（2）：66－69.

[87] 李志，唐波，张庆林．高新技术企业特征与管理对策研究［J］．重庆工商大学学报（社会科学版），2009，2（4）：45－49.

[88] 吕洁华．高新技术企业核心竞争力研究［D］．哈尔滨：东北林业大学博士学位

论文，2005.

[89] 周和玉，郭玉强. 信息检索与情报分析 ［M］. 北京：知识产权出版社，2002.

[90] 李建蓉. 专利文献与信息 ［M］. 武汉：武汉理工大学出版社，2004.

[91] 陈燕，黄迎燕，方建国. 专利信息采集与分析 ［M］. 北京：清华大学出版社，2006.

[92] 百度百科. 专利 ［EB/OL］. ［2015 － 03 － 15］. http：//baike. baidu. com/link？url = W6oSaj7axeKfqI C5RxPQBRorUNJM8YW07 jobTvG7LpLCozQkzWT3T9VtF4xTbPR8 RZOJ245s7UCB03ShZGTIiK# reference － ［1］ － 50915 － wrap.

[93] 谭思明. 基于专利地图技术的中、美微流控专利竞争情报研究 ［J］. 情报杂志，2005（5）：33 － 35.

[94] Feldman R，Dagan I. Kdt-knowledge discovery in texts ［C］. Proceedings of the First International Conference on Knowledge Discovery and Data Mining（KDD），Canada，1995：112 － 117.

[95] 宣照国. 文本挖掘算法及其在知识管理中的应用研究 ［D］. 大连：大连理工大学博士学位论文，2008.

[96] 李聪，张勇，高智. 一种新的聚类算法 ［J］. 模式识别与人工智能，1999，12（2）：205 － 209.

[97] Jiawei Han，Micheline Kamber. 数据挖掘概念与技术 ［M］. 范明，孟小峰，译. 北京：机械工业出版社，2004，1 － 262.

[98] 汤效琴，戴汝源. 数据挖掘中聚类分析的技术方法 ［J］. 微计算机信息，2003（19）：3 － 4.

[99] 唐勇智，葛洪伟. 基于聚类的 RBF － LBF 串联神经网络学习算法 ［J］. 计算机应用，2007，12（27）：12 － 15.

[100] Kohonen T. Automatic formation of topological maps of patterns in a self-organizing system ［C］. Proceedings of 2nd Scandinavian Conf. on Image Analysis，Espoo，214 － 220.

[101] 孙爱香. 改进的 SOM 算法在文本聚类中的应用 ［D］. 大连：大连交通大学硕士学位论文，2007.

[102] 陈小丽. 基于 SOM 算法的中文文本聚类 ［D］. 南京：南京理工大学硕士学位论文，2008.

[103] 史东娜. 基于半监督学习的特定领域术语抽取算法的研究 ［D］. 北京：北京邮电大学硕士学位论文，2009.

［104］杜波．专业领域术语抽取的研究［D］．上海：上海交通大学硕士学位论文，2005．

［105］李永红．技术认识论探究——关于技术的现代反思［D］．上海：复旦大学博士学位论文，2007．

［106］陈昌曙，远德玉．也谈技术哲学的研究纲领［J］．自然辩证法研究，2001，17（7）：39－42，52．

［107］王树松．论技术合理性［D］．沈阳：东北大学，2005．

［108］（美）大卫·雷·格立芬．后现代精神［M］．王成兵，译．北京：中央编译出版社，1998．

［109］辞海编辑委员会．辞海［M］．上海：上海辞书出版社，1999：1742．

［110］广东、广西、湖南、河南辞源修订组，商务印书馆编辑部．辞源（修订本）［M］．北京，商务印书馆，1979：461．

［111］（美）Clayton M Christensen. The Innovator's Dilemma［M］．胡建桥，译．北京：中信出版社，2014．

［112］百度百科．替代品［EB/OL］．［2015－03－15］．http：//baike．baidu．com/link？url＝dUVmKvcS73_ mlyhZesm77gYnKeVMZGv0ebs6－Pp5yR8O0fES4nnRiZo6xuTZ JJuWGkoN9P_cJhmGn m 5AFCk XGa．

［113］马建平，庄贵阳．新能源技术标准之争落子何处［J］．董事会，2010（2）：58－61．

［114］袁泽沛，安林波．浅论顾客导向和竞争者导向的协调［J］．科技进步与对策，2003，20（9）：112－114．

［115］王维焕．巨星的陨落——诺基亚失败的财务与战略分析［D］．厦门：厦门大学硕士学位论文，2013．

［116］费钟琳，魏巍．扶持战略性新兴产业的政府政策——基于产业生命周期的考量［J］．科技进步与对策，2013，30（3）：104－107．

［117］傅首清，赵豪迈，邱菀华．高技术产业生命周期及其非技术因素分析［J］．北京航空航天大学学报（社会科学版），2010，23（1）：75－80．

［118］百度百科．PEST分析法［EB/OL］．［2015－03－15］．http：// baike．baidu．com/view/298057．htm？fr＝aladdin．

［119］百度百科．PEST［EB/OL］．［2015－03－15］．http：//baike．baidu．com/view/630276．htm？fr＝aladdin．

［120］王德恒，吴潇．竞争对手识别研究［J］．商业研究，2003（17）：30－32．

［121］张虎胆. 基于专利网络方法的技术竞争对手识别研究［D］. 武汉：武汉大学博士学位论文，2013.

［122］孙海奇，乔宝辉. 浅谈企业并购的协同效应分析——基于吉利汽车并购 DSI 公司的案例分析［J］. 东方企业文化，2013（21）：92.

［123］智库·文档. 兼并收购案例汇编［EB/OL］.［2015 - 03 - 15］. http：//doc. mbalib. com/view/ca3f0812ed9db891dee76eb9edf31c9e. html.

［124］智库·百科. 潜在竞争对手［EB/OL］.［2015 - 03 - 15］. http：//wiki. mbalib. com/wiki/潜在竞争对手.

［125］Zacks J M, Tversky B. Event structure in perception and conception［J］. Psychological Bulletin, 2001, 127（1）：3 - 21.

［126］Chung S, Timberlake A. Tense, aspect, and mood［M］. Shopen T. Language Typology and Syntactic Description. Springer, 1985：202 - 258.

［127］Teeny C L, Pustejovsky J. Events as grammatical objects［M］. ACM Press, 2000.

［128］Chang Junghsing. Event structure and argument linking in Chinese［J］. Language and Linguistics, 2003, 4（2）：317 - 351.

［129］张旭洁，刘宗田，刘炜，等. 事件与事件本体模型研究综述［J］. 计算机工程，2013, 39（9）：303 - 307.

［130］刘宗田，黄美丽，周文，等. 面向事件的本体研究［J］. 计算机科学，2009, 36（11）：189 - 192, 199.

［131］徐川，施水才，房祥，等. 中文专利文献术语抽取［J］. 计算机工程与设计，2013, 34（6）：2175 - 2179.

［132］谷俊，王昊. 基于领域中文文本的术语抽取方法研究［J］. 现代图书情报技术，2011（4）：29 - 34.

［133］王强军，李芸，张普. 信息技术领域术语提取的初步研究［J］. 术语标准化与信息技术，2003（1）：32 - 34.

［134］王昊贤，李广建. 基于关联规则的术语自动抽取研究［J］. 图书与情报，2014（5）：20 - 25.

［135］陈士超，郁滨. 面向科技领域的术语自动抽取模型［J］. 系统工程理论与实践，2013, 33（1）：230 - 235.

［136］中华人民共和国知识产权局. 什么是发明专利［EB/OL］.［2015 - 03 - 15］. http：//www. sipo. gov. cn /sipo2008/ zsjz/cjwt/200804/t20080402_ 367771. html.

［137］Frantzi K, Ananiadou S, Mima H. Automatic recognition of multi-word terms：the

C-value/NC-value method ［J］. International Journal on Digital Libraries，2000，3（2）：115 – 130.

［138］季培培，鄢小燕，岑咏华. 面向领域中文文本信息处理的术语识别与抽取研究综述［J］. 图书情报工作，2010，54（16）：124 – 129.

［139］祝清松，冷伏海. 自动术语识别存在的问题及发展趋势综述［J］. 图书情报工作，2012，56（18）：104 – 109.

［140］熊李艳，谭龙，钟茂生. 基于有效词频的改进 C-value 自动术语抽取方法［J］. 现代图书情报技术，2013（9）：54 – 59.

［141］李丽双. 领域本体学习中术语及关系抽取方法的研究［D］. 大连：大连理工大学博士学位论文，2013.

［142］官建成，戴珊珊. 我国信息通信技术领域专利战略分析［J］. 技术经济，2008（2）：1 – 11.

［143］Jong Hwan Suh，Sang Chan Park. A New Visualization Method for Patent Map：Application to Ubiquitous Computing Technology ［C］. The 2nd International Conference on Advanced Data Mining and Applications（ADMA 2006），Xi'An：566 – 573.

［144］李春燕，石荣. 专利质量指标评价探索［J］. 现代情报，2008（2）：146 – 149.

图书购买或征订方式

关注官方微信和微博可有机会获得免费赠书

 淘宝店购买方式：

直接搜索淘宝店名：**科学技术文献出版社**

 微信购买方式：

直接搜索微信公众号：**科学技术文献出版社**

 重点书书讯可关注官方微博：

微博名称：**科学技术文献出版社**

 电话邮购方式：

联系人：王　静
电话：010-58882873，13811210803
邮箱：3081881659@qq.com
QQ：3081881659

汇款方式：

户　名：科学技术文献出版社
开户行：工行公主坟支行
帐　号：0200004609014463033